U0306035

全景百科·学生版

令孩子着迷的 100 种神奇动物

畲田 编著

陕西新华出版传媒集团

陕西科学技术出版社

—— 西安 ——

比陆地宽阔的是大海；

比大海宽阔的是天空；

比天空更为浩瀚的是

无穷的知识；

来吧！让我们一起去

畅游知识的海洋。

——改自维克多·雨果

前言 Foreword

　　动物是我们人类的好朋友,地球上每一寸土地都有动物的
足迹。它们让我们的生活更加丰富多彩,也维持着大自然的生态平
衡。森林是大自然的调度师,也是众多动物理想的生存家园,这里有
翩翩起舞的美丽花朵——蝴蝶,有为树木治病的医生——啄木鸟,还
有威武的森林之王——老虎等;草原的景观开阔,生活着当今世界上最
大的野生动物群,这里有黑白条纹的战士——斑马,有奔跑如飞的运动
健将——猎豹,还有身材高挑的动物——长颈鹿等;极地是地球上最冷的
地方,在这样恶劣的气候条件下仍然有一些动物顽强地生存着,像守卫
南极的士兵——企鹅,聪明的狩猎者——北极熊,以及外形憨笨的潜
水冠军——海豹等。

　　由于生态环境的破坏以及人们的过度捕杀,许多动物
已濒临灭绝的危险,请记住这样一句话:如果你没有成为
挽救濒危动物的一员,那你就是加速它灭绝的一
员。带上你最丰富的想象走进本书吧!

　　本书将会为你——揭开动物
世界的各种秘密。

书虫俱乐部

目录 Contents

哺乳动物

　　哺乳动物是最高等的动物，它们最典型的特征是胎生和哺乳。我们身边最常见的猫、狗是哺乳动物，动物园里的老虎、大象是哺乳动物，在天上飞行的蝙蝠、在海里游泳的鲸也是哺乳动物。

跑得最快的动物——猎豹

和 陆地上其他大型猫科动物相比，猎豹真的很不寻常。它那细长的身体，灵敏的头部和有力的后肢，仿佛就是为奔跑而生，这正是它能在残酷的非洲大草原上生存下来的原因。

乖巧的猎豹

猎豹的体型比其他豹略小，头部有点像猫，四肢像狗，连特性也有点像狗：会蹲着坐，容易驯服，忠于主人。千百年来，人们一直把猎豹当宠物来饲养。

● 茶褐色的皮毛上有小的黑色斑点

● 脚上有不能伸缩的爪子

穿钉鞋的猎豹

猎豹的爪子在幼年时是可以完全收缩的，但成年后就不能收回来了，会变得和狗爪一样钝。但它却带来了另外的好处，那就是猎豹在高速奔跑时，爪子能紧紧抓住地面，就像短跑运动员的钉鞋。

▲ 在埃及，猎豹被认为是神圣的动物，具有神灵的保护作用。

● 粗壮的长尾巴在高速奔跑时能维持身体的平衡

↑ 猎豹在奔跑时，有一大半时间身体可以处在半空中。

绝对的世界短跑冠军

猎豹是目前陆地上奔跑速度最快的动物，它的时速可以达到 120 千米。但是猎豹只擅长短跑，在长距离奔跑时，速度就慢多了，每小时的平均速度约为 60 千米，相当于非洲鸵鸟的速度。

● 幼豹的脖子上长有鬃毛，但长大后会消失。

● 猎豹的嗅觉十分发达

嗅出来的新鲜

猎豹的嗅觉十分发达，它只要闻一下就知道食物是不是新鲜，不新鲜的东西绝对不吃，哪怕是上顿剩下来的也会弃之不要。实际上猎豹的味觉器官不发达，灵敏的嗅觉代替了一部分味觉的感受。

↑ 就猛兽来说，猎豹的格斗能力很差。

胆小的猎豹

非洲大草原上有很多凶狠的食肉动物。有时候，猎豹辛辛苦苦捕来的食物会成为这些动物的美餐。比如，斑点鬣狗经常来抢夺猎豹的食物，而猎豹只有悻悻地离开，俨然是一个受气包。

note 知识小笔记

动物小档案

类 属：哺乳纲、食肉目、猫科
身 长：1 ~ 1.5 米
体 重：50 ~ 100 千克
食 物：羚羊
分布地区：非洲广阔的热带草原上

Cheetah

Mammal

个子最高的动物——长颈鹿

No.002

长颈鹿是陆地上最高的动物，成年长颈鹿的身高可达 4～6 米。长颈鹿皮肤上的花斑网纹是一种天然的保护色，优雅的长颈、大而突出的眼睛很利于它们远眺，可以及时发现危险。

个子高，血压也高

因为长颈鹿的个子太高了，为了将血液送到高高在上的大脑中，它们必须提高体内的血压，所以长颈鹿的血压要比人类的正常血压高两倍。如果把这样的血压放在别的动物身上，那么这种动物肯定会因脑溢血而死去。

● 长颈鹿
优雅的长颈

巨型婴儿

长颈鹿宝宝一生下来大约就有 2 米高，出世后首先要接受从高处摔落的考验。长颈鹿宝宝摔下时总是头朝地，这看似很危险，但实际上可以让小长颈鹿做一次深呼吸，就像刚出生的婴儿有第一声啼哭一样。

● 个头特别高
的长颈鹿宝宝

● 长颈鹿长
着修长的四肢

🐾喝水真累

　　长颈鹿喝水时，高大的身体就会给它带来莫大的麻烦，它要拼命地叉开四条腿，压低身体，头使劲往下埋，才能勉强碰到水面，并且还要不时地抬头观望敌情。所以长颈鹿都不太喝水，它们喜欢吃些嫩叶来补充身体需要的水分。

　　↑喝水对于长颈鹿来说是一件非常困难的事，不仅姿势很难受，而且也容易遭到袭击。

🐾让你"大"吃一惊

　　长颈鹿的脚长得很大，有的直径可以达到 30 厘米，它们的心脏有 60 厘米长，肺可以容纳 55 升的空气，就连舌头也有 40 ～ 50 厘米长。

　　←长颈鹿通常站立睡觉，很少躺下来，它们睡觉时也睁着眼睛。

知识小笔记

note

🐾动物小档案

类　属：哺乳纲、偶蹄目、长颈鹿科
身　长：4 ～ 6 米
体　重：900 ～ 1800 千克
食　物：植物的叶子
分布地区：非洲的稀树草原、灌木丛和撒哈拉沙漠南部的森林地带

🐾站着睡安全

　　长颈鹿腿长脖子也长，躺下和站起来都很不容易，所以常常站着睡觉。当长颈鹿觉得周围很安全时，也会躺下来睡觉。但是，如果遇到突然袭击，它很难再站起来逃跑，往往就这样葬送了自己的性命。

Giraffe

Mammal

陆地最大的动物——非洲象

No. 003

非洲象是陆地上现存体形最大的哺乳动物，它最明显的特征莫过于其庞大的身躯、举世闻名的象牙和灵活自如的长鼻子了。别看它外表温顺，行动迟缓，其实它的性情很暴戾，被激怒后会快速奔跑，也会向敌人发起进攻。

超大的耳朵

你也许不会相信，大象的耳朵展开长度能达到 1.5 米，而且和非洲的地图非常相像。这对超大的耳朵就像暖气的散热片一样，当血液流过耳朵时会把多余的热量散发掉，大象就不会感觉那么热了。

非洲象的耳朵展开长度可达到 1.5 米，而且其形状看上去同非洲地图十分相像。

好大的胃口

非洲象有一副好胃口，有时一天可以吃掉 200 千克左右的食物，喝下 100 多升水。除了睡觉，它醒着的时间都在进食。

非洲象除了睡觉，醒着的时间都在进食。

多功能鼻子

大象的鼻子异常灵敏，最远能闻到1 000米以外的异常气味，还是它的御敌武器，长鼻子能将"敌人"卷起，抛向天空，落地后再用脚踩死。当大象洗澡时，象鼻就成了"淋浴器"，它用长鼻子"呼噜"一声就吸起一满桶的水，然后喷洒在身上，痛痛快快地洗个淋浴。

↑ 大象的鼻子可以辨别气味，同时也是攻击和自卫的武器。

亲情永存

非洲象过着社会性很强的群居生活，象群由30 ~ 40只雌象和幼象组成，一只最老的雌象是这个家族的首领，它会像"祖母"那样照顾家庭中所有的成员。当有大象死亡时，其他的同伴会感到悲哀，并不断地摇它，试图将它摇醒。

↑ 不管象群遭遇什么危险，母象都不会放弃小象自己逃生。

珍贵的象牙

非洲象在自然界中是没有天敌的，给它们招来杀身之祸的是它们那对珍贵的象牙。象牙就是象上腭的门牙，质地很硬，用象牙制造的艺术品价格昂贵，不法分子常以此获利。

● 非洲象长着很长的牙齿

note 知识小笔记

动物小档案

类　属：哺乳纲、长鼻目、象科
身　长：2 ~ 4米
体　重：3 ~ 8吨
食　物：树叶、果实和草
分布地区：非洲

African Elephant

Mammal

森林之王——老虎

老虎是一种凶猛的食肉动物，也是现存最大的猫科动物。它们身披淡棕色或褐色毛皮，腹部为白色或淡黄色，身上有灰色或黑色的美丽条纹。蓝色的眼睛中常常带有冰冷的杀气，似乎在宣告着自己那至高无上的王者地位。

▲ 老虎有着圆形的瞳孔和黄色的角膜

王者之"气"

气味是老虎最具权威性的"身份证件"，它们分泌的气味相当浓烈，可持续3个星期。

● 听觉极其灵敏

● 身上的条纹能够帮助老虎更好地隐藏起来

夜行性动物

虎利用身上的条纹潜伏在森林或干枯的草丛中狩猎。虽然不善于长距离地追捕猎物，但它们潜行和猛扑的技能却很高强，能在瞬间制服猎物。

灵敏的感官

虎在夜间暗淡的光线中观察物体的能力是人类的 6 倍，它们的眼睛能够反射任何照射在地面上的光线，所以在黑暗中总是幽幽地闪光，敏感的胡须也可以帮助它们在黑暗中探路。

● 老虎的胡须对障碍物很敏感

🐾 当老虎耳朵后面的白斑随耳朵的转向而摆动时，就是在警告对手："离我远点！"

致命的牙齿

虎常用巨大而尖锐的牙齿死死地咬住猎物，直至猎物死亡。牙齿的力量很大，可以把猎物撕碎吞食。最后，它们还会用粗糙的舌头，把猎物的骨头和表皮上所有残存的血肉舔得干干净净。

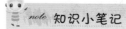

🐝 note 知识小笔记

🐾 动物小档案 🐾

类　属：哺乳纲、食肉目、猫科
身　长：1.4 ~ 3.5 米
体　重：250 ~ 350 千克
食　物：小鹿、野猪、大羚羊等
分布地区：中国、俄罗斯西伯利亚、南非、东南亚的森林和热带雨林中

狮和虎谁与争风

狮、虎都是大型食肉猛兽，总的说来，狮体型略大，但虎中也有体型比狮大的。在形态上，狮、虎都是强大、威武、凶猛的，在它们栖息的范围内，双方几乎都无自然敌害。因而，很多人认为老虎和狮子在各方面都势均力敌，可谓森林和草原的两大霸主。

Tiger

Mammal

草原霸主——狮子

No.005

狮子被称作"草原霸主""百兽之王"。它们以家庭为单位，生活在非洲草原。狮子全身长着黄褐色短毛，尾端的毛为黑色。雄狮的体型比雌狮略大，颈部长着金黄色或棕色的鬃毛，显得威风凛凛。

像非洲野牛这样身躯庞大的危险动物，也是狮子的捕猎对象。

勤劳的雌狮

雌狮主要承担打猎和哺育幼狮的任务，它们可以杀死比自己大得多的猎物，如斑马和野羚。然后把猎物带回家，供雄狮和幼狮享用。

● 雄狮长有长长的鬃毛，一直延伸到肩部和胸部。

英俊的雄狮

雄狮有美丽的狮鬃，看起来威风八面，是草原的王者。雄狮的动作比雌狮要缓慢，容易被猎物发现，所以它的任务就是保护领地家族的安全。

● 尾端毛色为黑褐色

母系社会

狮群是典型的母系社会体制。一个狮群里所有的雌狮都是亲戚，或是姐妹，或是母子关系，雄狮在狮群中只不过是一个匆匆过客。

等级分明

狮群中等级分明，雌狮与幼狮必须懂得尊卑，只有在一家之主——雄狮——吃饱后，它们才可以吃剩下的食物。

狮群有大有小，食物丰盛的时候，可以达到 40 只；食物少的时候，也可能只有 3 只。

雄狮体型比雌狮大很多，不容易隐蔽，动作也稍迟缓些，所以捕猎的任务是由雌狮来完成。

"男""女"有别

你有没有注意到，在所有哺乳动物中，只有狮子可以让人一眼看出是雌还是雄，其他动物都没有那么明显的特征。

胜王败寇

在狮子的领地中，雄狮的主要职责是必须防范其他雄狮进入家园。因为其他雄狮的到来是为了取代它的位置。一旦新来的雄狮在决斗中获胜，它就会杀死狮群中的幼狮，让雌狮为自己生育后代。

note **知识小笔记**

🐾 **动物小档案** 🐾

类　属：哺乳纲、食肉目、猫科
身　长：1.8 ~ 2.7 米
体　重：120 ~ 280 千克
食　物：长颈鹿、斑马
分布地区：非洲草原

Lion

Mammal

黑白条纹的战士——斑马

No.006

斑马全身布满黑白相间的条纹,这些条纹一方面具有扰乱敌人视线的功能,一方面还是种族间互相辨认的标志。斑马的奔跑速度很快,黑白条纹的"衣服"可以帮助它巧妙地隐身,因此常常能躲过狮子等猛兽的追杀。

高明的"隐身术"

科学家发现,眼睛对黑、白两种颜色的感光程度有差异。斑马在"服装"设计中,巧妙地运用了这一点,再加上它奔跑速度奇快,给捕猎者一种"雾里看花"的感觉,从而能躲过追击。

● 斑马的鬃毛与普通马匹不同,是高而竖直的。

条纹的巨大价值

在非洲大陆,有一种可怕的昆虫——舌蝇。动物一旦被舌蝇叮咬,就可能会染上"昏睡病"——发烧、疼痛、神经紊乱,直至死亡。但是斑马却能成功地躲过舌蝇的困扰,因为舌蝇只被同一颜色的大块面积所吸引,对一身黑白条纹的斑马往往视而不见。

↑ 黑白相间的体色一方面具有扰乱敌人视线的功能,另一方面还是不同种族之间互相辨认的标志。

"水利专家"

在所有动物中，斑马找水的本领最高强。它们可以找到干涸的河床中有水的地方，然后用蹄子挖土，有时甚至可以挖出深达1米的水井，这些水井也方便了其他动物。

水对斑马十分重要，在缺水的地方斑马会自己挖井找水。

小斑马出生的时候，身体各部位都已经发育完好，在一个小时内它就能够站立起来。

母子间的情感"交流"

斑马妈妈会花很多时间为刚出生的小宝宝舔舐身体，这样做是为了与宝宝彼此熟悉气味，增进"情感交流"。

斑马是过着家族式群居生活的动物

note 知识小笔记

动物小档案

类　属：哺乳纲、奇蹄目、马科
身　长：2～2.4米
体　重：约350千克
食　物：杂草
分布地区：非洲草原，尤其是肯尼亚和埃塞俄比亚

团结力量大

阅历丰富的雌斑马通常是群体中的领袖。遇到敌人时，老斑马会指挥大家屁股朝外，围成一个圆圈，猛踢后腿，这是斑马最拿手的"团体防御法"。

Zebra

Mammal

草原杀手——斑点鬣狗

斑 点鬣狗是非常凶猛的肉食动物，它们擅长清理动物吃剩的肉和骨头，被称为草原上的"清道夫"。斑点鬣狗集体捕猎的本领更是强大，很多大型动物都难逃它们的追捕，所以有人说斑点鬣狗是草原上真正的杀手。

▲ 斑点鬣狗过着群居、群猎的生活，发现猎物后，它们就会对猎物进行群体围猎。

🐾 团结合作

斑点鬣狗是最讲究合作的动物。它们的捕猎方式很科学：先是散开，然后再渐渐从四面八方靠近并包围猎物，使它不能逃脱。一旦有一只鬣狗咬住猎物，其他的则一哄而上，再大的猎物恐怕也难逃厄运。

● 当受到大型动物追击时，斑点鬣狗会装死以保全性命。

🐾 强有力的竞争者

在非洲大草原上，斑点鬣狗是个强有力的竞争者。单枪匹马的斑点鬣狗有时可以轻而易举地抢走猎豹的食物，它们集体捕猎时，可以将很多大型动物送上自己的餐桌。

斑点鬣狗的"爱情"

对于大多数动物来说,雄性通过各种手段来吸引雌性,或者通过与竞争者斗争的方式来赢得雌性。但是这些手段对于雌斑点鬣狗来说毫不管用,它们只对温顺的雄鬣狗有好感,那些爱出风头的或者横行霸道的雄鬣狗往往是不受欢迎的。

↑ 温顺的雄鬣狗最受雌斑点鬣狗的欢迎

↑ 不论是休息、捕猎、行进或繁殖,斑点鬣狗都是成群结队进行的。

note 知识小笔记

动物小档案

类　属:哺乳纲、食肉目、鬣狗科

身　长:0.95 ~ 1.6 米

体　重:40 ~ 86 千克

食　物:羚羊、斑马

分布地区:非洲干燥的草原和沙漠地带

与众不同的群居生活

鬣狗和很多群居的哺乳动物不同,在任何一个数量达到 30 只的狗群中,所有的成年雄狗之间都有血缘关系,而所有的成年雌狗则来自另一群体。成年鬣狗得到食物后,通常会让幼狗先吃,这一点也不同于其他动物。

哺乳动物

战术巧妙的猎手——猞猁

战术巧妙的猎手——猞猁

No.008

猞猁又叫做羊猞猁、马猞猁，外形很像猫，但个头比较大。猞猁最明显的特征是两只竖立的耳朵及耳尖上的一簇长毛。它们性格狡猾而谨慎，行动敏捷，善于攀树，会采用巧妙的战术捕获猎物。

珍贵的皮毛

猞猁是国家二级保护动物，猞猁的皮毛很珍贵，具有很高的经济价值。当人们穿着这样高档的皮毛衣服时，是否会想到那是以我们野生动物朋友的生命为代价的呢？

● 猞猁体型很像猫，但个头比较大。

● 猞猁四肢粗长

羊猞猁

"羊猞猁"个体较大，体毛为灰棕色，背毛的顶端呈青白色，就像在全身敷了一层白色的浮霜。它们身上的斑点颜色较浅，有的呈棕红色，有的不大分明。

note 知识小笔记

动物小档案

类　属：哺乳纲、食肉目、猫科
身　长：90～130厘米
体　重：18～32千克
食　物：野兔、老鼠
分布地区：北欧、东欧和亚洲地区

狡猾的猞猁

猞猁会运用一些巧妙的战术与伙伴们合作捕食。比如，一只猞猁捕捉野兔时，另一只会在野兔逃跑的路上埋伏，或者两只猞猁从猎物的两边包抄。

> 猞猁脸颊部的毛比较长，并向左右垂伸，耳尖长有一簇长毛。因为猞猁的皮毛很珍贵，所以它被列为国家保护对象。

日益缩小的猞猁家族

因为猞猁的皮毛很珍贵，所以常常遭到捕杀。目前，猞猁在自然界的数量日益减少，国家已将它列为保护对象，认真加以保护，使它的数量尽快恢复起来。

以静制动

长期的捕猎经验告诉猞猁，耐心是至关重要的。猞猁觅食时，总是极有耐心地潜伏在灌木丛、草丛或树上静静等着猎物"自投罗网"，待猎物经过时，再找准时机快速出击，将其捕食。如果没有捕到猎物，它也不会穷追不舍，而是返回原处，耐心等待。

> 猞猁会运用一些巧妙的战术捕食猎物

Lynx

Mammal

澳洲的象征——袋鼠

No.009

袋鼠是澳大利亚最高大的动物，它看似温文尔雅，实际上强悍好斗。袋鼠以胸前的大口袋而著名，也就是育儿袋。只有负责生育的雌袋鼠才有育儿袋，小袋鼠在里面吃奶、睡觉和玩耍，直到它们长大能够独立生活为止。

形象代言人

袋鼠是澳大利亚草原独有的动物，澳大利亚的国徽上就有袋鼠的标志。

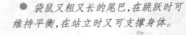

● 袋鼠又粗又长的尾巴，在跳跃时可维持平衡，在站立时又可支撑身体。

● 袋鼠的"育儿室"

▲ 袋鼠的前肢短小，后肢强壮有力，这种体型非常适合跳跃。

最大的"肚兜"动物

在所有长"袋子"的动物当中，个头最大的要数红袋鼠。一只成年的红袋鼠站起来足有 2 米高，从鼻尖到伸直的尾部，总长度将近 3 米，体重约 90 千克，每小时的跳跃速度可达 74 千米。

拳击比赛

袋鼠之间经常举办一些"拳击赛事",其实在它们的世界中,这只是一种无聊时玩的游戏。不过这种游戏有时也被用在向异性表达爱意上。为了争夺伴侣,雄袋鼠之间经常爆发激烈的战争,它们用强劲的后腿互相踢打对方,甚至还用嘴撕咬。

▲ 袋鼠通常过着群居生活,"拳击赛事"是它们经常玩的游戏。

出人意料的逃跑方法

袋鼠碰到强大的对手时,会以最快的速度逃离。当敌人穷追不舍时,它会突然转身,跃过敌人,朝反方向逃跑。这种做法常令追击者目瞪口呆。

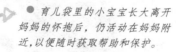

● 育儿袋里的小宝宝长大离开妈妈的怀抱后,仍活动在妈妈附近,以便随时获取帮助和保护。

袋鼠宝贝

初生的小袋鼠只有花生豆那么大。它没有毛,而且什么也看不见。它们一生下来就爬进妈妈的育儿袋里,然后选中一个乳头吸吮乳汁。直到育儿袋中已没有足够的空间容纳它时,它才离开妈妈的怀抱。

note 知识小笔记

🐾 动物小档案

类 属:哺乳纲、有袋目、袋鼠科
身 长:2～3米
体 重:约90千克
食 物:草、树叶
分布地区:澳洲大陆

kangaroo

Mammal

中国的国宝——大熊猫

No.010

大熊猫是我国独有的动物,它圆滚滚的身材、黑白分明的皮毛和憨态可掬的形象赢得了世界各地人们的喜爱。目前,大熊猫的总数仅有几千只,人类已在尽最大的努力留住这种珍贵稀有的动物。

名字趣闻

最初大熊猫的名字叫"猫熊",1869年一个叫大卫的法国人来到中国,他被这种奇妙的动物所震撼,就把猫熊介绍给全世界。因为外国人不知道当时中国的字是从右往左读,后来就渐渐地被叫成了"熊猫"或"大熊猫"。

最钟爱的食物——竹子

竹笋和竹叶是大熊猫最喜欢的食物,不过它们偶尔也吃香红花、龙胆草、鱼、昆虫及一些小型动物。大熊猫一天当中差不多有14个小时都在进餐,它一天能吃掉20千克竹子。

↑ 大熊猫独特的食物特性使它常被称作"竹熊"

疼爱宝宝

熊猫幼仔生下来时非常小，熊猫妈妈有时会把它们捧在手上，寸步不离，甚至不吃不喝。等幼仔稍大后，熊猫妈妈就将孩子抱在怀里。行动时，它们会把孩子驮在背上。就这样一直用乳汁喂养 2 年。

熊猫当上妈妈后，便和小宝宝寸步不离。即使是熊猫爸爸的关怀看望，也会惹得妈妈大动肝火，生怕爸爸伤了小宝宝。

● 大熊猫圆滚滚的身材、黑白分明的皮毛和憨态可掬的动作赢得了世界各地人们的喜爱。

划分地盘

笨拙的大熊猫常常会在大树旁倒立，可别以为它们在做高难度"体操"，其实这是为了将体味留在树干上，以避免和一些"兄弟"发生冲突。

留住"国宝"

如今，大熊猫已经成为濒临灭绝的动物。为了保护大熊猫，我国成立了四川卧龙自然保护区，全世界的人们都在尽最大努力使这一物种在地球上永远生存下去。

note 知识小笔记

动物小档案

类　属：哺乳纲、食肉目、熊科
身　长：120 ~ 180 厘米
体　重：60 ~ 110 千克
食　物：竹子、昆虫、鱼
分布地区：中国西部海拔 2 500 ~ 4 000 米的高山上

Giant Panda

Mammal

挖洞专家——穿山甲

No.011

穿山甲长得尖头尖尾的，除腹部、面部及四肢内侧外，身体上都披着角质鳞片。穿山甲最爱吃的食物就是蚂蚁，它还会运用计谋捕食呢。根据季节的变化，穿山甲会改变住所让自己住得更舒服。

良好的胃功能

由于穿山甲世代以蚁类为食，牙齿已经退化了。不过，它们会借助于吞食到胃中的小沙粒，把食物磨碎。

穿山甲主要以蚂蚁、白蚁为食物，偶尔也吃些蜜蜂、胡蜂等昆虫的幼虫。

穿山甲长着小眼、小嘴、小耳朵。除腹部、面部及四肢内侧外，身体上都披着角质鳞片。

穿山之术

穿山甲用前肢挖洞，后肢刨土，速度极快。有时先用前爪把土挖松后，再把身子钻进去，然后竖起全身坚硬的鳞片往后退，将松土推出。它们可以灵活地在土里进进出出，好像有"穿山之术"一样。

🐾 多变的住所

穿山甲多在丘陵山地的灌木丛、杂树林等地带挖洞而居，并且"住所"很不固定。冬春两季，它们会迁到较低的、背风向阳的山坡栖息；夏秋时节雨水多，天气热，它们又搬到较高的山坡上，既凉快又不易被雨水冲刷。

↑ 穿山甲有一副奇特的长相，它们尖头尖尾，身体呈流线型。

🐾 水中逃生

穿山甲能爬行，会游泳，实在走投无路时，它就干脆躲入水中逃避敌人。

● 穿山甲遇到敌人或受惊时常蜷缩成球状

🐾 运用计谋觅食

有时候，一只穿山甲的鳞片下爬满了蚂蚁，而它却无动于衷。原来，这是聪明的穿山甲的诱敌之计。等到蚂蚁足够多时，穿山甲就会骤然收紧鳞片，把蚂蚁关在里面。然后，它走到附近的河里，放开鳞片把蚂蚁全都抖落在水面上，然后就可以悠然地美餐一顿了！

note 知识小笔记

🐾 **动物小档案** 🐾

类　属：哺乳纲、食肉目、穿山甲科
身　长：50 ～ 100 厘米
体　重：1.5 ～ 3 千克
食　物：蚂蚁、蝗虫
分布地区：非洲、亚洲的热带地区

Pangolin

Mammal

人类的"近亲"——猩猩

猩猩和大猩猩、黑猩猩、长臂猿统称类人猿。它们具有和人类最为接近的体质特征，并会像人类一样表达自己的情绪，许多行为都与人类非常接近，所以说它们是人类的"近亲"。

认识镜像的猩猩

人类通过镜子认识自己的镜像，令人难以置信的是，在这个世界上，还有两种动物认识自己的镜像，你知道是什么吗？那就是海豚和猩猩，它们都是自然界中的高智商动物。

◀ 大猩猩全身覆盖着黑褐色的毛，它的大脑与人脑结构相似，是自然界中智商最高的动物之一。

● 愤怒的猩猩发出巨大的吼叫声

丛林里的男高音

雄猩猩发出的声音非常大，在密林中可以传出 1 千米远，这能帮助它们确定自己的领土。有时它会拍打着自己的胸脯嗷嗷大喊，似乎在说："我是人猿泰山。"

🐾 温和的大猩猩

大猩猩大都健壮魁梧，它们全身覆盖着黑褐色的毛，但有些大猩猩的毛略呈灰色，有些则长着棕红色的毛。别看大猩猩的外表长得粗暴可怕，其实它们性情很温和，不太喜欢争斗。

🦁 情绪化的动物

大猩猩非常聪明，它们与人类一样有情绪，包括爱、恨、恐惧、悲伤、喜悦、骄傲、羞耻、同情及妒忌等，被搔痒时甚至会哈哈大笑！

大猩猩的头领年龄较大，背部的毛已经变成了银白色。它总会像父亲一样保护着后代。

黑猩猩的手臂比它的腿长，手上有拇指，可以灵活地握住物体。每只超过4岁的黑猩猩都会用干草和树叶铺垫它们的窝。

🐅 制造工具的黑猩猩

黑猩猩制造工具的本领很强大。它们会找来小树枝，将小树枝上的叶子拔除后，插入白蚁洞中，引诱白蚁爬到树枝上，再抽出树枝慢慢享用美味的白蚁。黑猩猩还能将树叶咬至柔软后浸水，然后饮用。

note 知识小笔记

🐾 动物小档案

类　属：哺乳纲、灵长目、猩猩科
身　长：70～100厘米
体　重：40～50千克
食　物：果实、蚂蚁
分布地区：非洲中部赤道地区

Orangutan

Mammal

哺乳动物

会扔石头的动物——狒狒

会扔石头的动物——狒狒

狒狒的头很大,鼻子突出,面部特征很像狗,脸上光滑无毛,是猴类中体型最大的种类之一。狒狒喜欢群居,成员最多可达 200 多只,首领由最强壮的雄狒狒担任,其他成员也依次排序。

家族卫士

当狒狒家族遇到危险时,富有战斗力的首领会毫不犹豫地挺身而出对抗敌人,保护群体的安全。即便在撤退途中,队伍的秩序也会有条不紊,雄狒狒总是在最外层保护着雌狒狒与幼狒狒的安全。

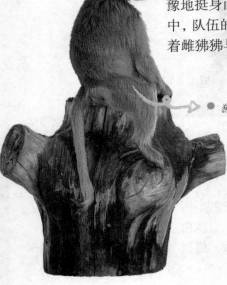

狒狒王坐在树上俯视着自己的"臣民"

过过当大王的瘾

狒狒家族的大王拥有自己的"宝座",大王喜欢神情"高傲"地坐在山坡上休息,俯视着自己的"臣民"。一般成员是绝对不允许碰首领宝座的,趁大王不在的时候,也会有一两只胆大的雄狒狒顶着危险偷偷地跃上宝座,过一过当大王的瘾。

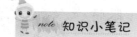最佳"阵型"

当狒狒们集体外出时，一些雄狒狒总是走在最前面，中间是幼仔和雌狒狒，最后压阵的是另外的雄狒狒。这样的"阵型"对于雌狒狒和幼狒狒的安全非常有利。

狒狒喜欢群居，成员最多时有 200 多只。首领由最强壮的雄狒狒担任，其他成员也依次排序。

note 知识小笔记

动物小档案

类　属：哺乳纲、灵长目、猕猴科
身　长：50 ~ 110 厘米
体　重：14 ~ 41 千克
食　物：玉米、壁虎
分布地区：非洲东北部的草原和半沙漠地区

面对强敌

当狒狒群遇到狮群时，狒狒们分工明确，有的捡起石块投向狮群，有的怒吼助威，会集体将狮群击退。

权力的象征

狒狒口中的獠牙是权力的象征，越大则地位越高。另外，獠牙也是威慑敌人的有力武器。遇到敌人时，它们首先会龇出长长的獠牙恐吓对手。

● 狒狒妈妈最爱给小狒狒清洁身体，她常用爪子帮小狒狒把藏在毛发中间的脏东西挑出来。

Baboon

Mammal

最小的猴——眼镜猴

No.014

眼镜猴分布于苏门答腊南部和菲律宾的一些岛上，它的体长和家鼠差不多，只有成人的手掌那么大，体重在 100 ~ 150 克。眼镜猴的性情温顺，头大而圆，眼睛特别大，适于夜视。

🐾 吸盘手

眼镜猴有着长长的手指和脚趾。每只手指和脚趾的前端都有吸管状的圆形衬垫，这有助于它们抓紧树干和树枝。

● 眼镜猴长着吸盘一样的手，可以牢牢地吸附在树枝上。

🐾 娴熟的跳跃技巧

眼镜猴在树枝上移动时很笨拙，通常它们是通过跳跃来移动的。跳跃时，它们伸直自己长长的后腿跳向空中，再落在距离自己2米远的另一棵树上。如果有必要，它还能中途拐弯。

▲ 眼镜猴体长如家鼠，最大的也不超过20厘米，体重在100~150克。

睁一只眼，闭一只眼

许多眼镜猴的一只眼睛就重达3克。它们对危险非常敏感，甚至在休息时，也会睁着一只眼。

● 眼镜猴一般只有成人的手掌那么大。但眼睛特别大，适于夜视。

瓯待保护的小生命

因为一些人相信眼镜猴的骨头可当作药来治病，所以，眼镜猴曾经遭到大量捕杀，现在数量很少，已经被列为国际保护动物。

转 360 度

在身体不动的情况下，眼镜猴的头几乎能转动整整一圈，这有助于它发现猎物和发现敌人。

知识小笔记

动物小档案

类　属：哺乳纲、灵长目、眼镜猴科
身　长：85～160毫米
体　重：100～150克
食　物：蝗虫、蜘蛛
分布地区：苏门答腊南部和菲律宾的一些岛上

慈爱的妈妈

眼镜猴妈妈特别会照顾孩子。小眼镜猴常常躺在妈妈的肚皮上，用爪子抓着妈妈的皮毛，把尾巴绕过妈妈的后背。妈妈的尾巴则穿过后肢托着小宝宝的身体，让小宝宝感到安全又踏实。眼镜猴妈妈还时常低下头朝宝宝发出温柔的哼哼声，像唱催眠曲似的。

Tarsier

Mammal

尾巴比身长——松鼠猴

如果你走进南美洲原始森林里,就会看到一些可爱的猴子在树间欢快地跳来跳去,它们就是松鼠猴。它们有趣的生活习性一直吸引着人类的关注。

尾巴比身子长

和自己的身体相比,松鼠猴的尾巴的确很长,它的尾巴长度甚至比自己的身体还长那么一点点。因此松鼠猴看起来十分小巧和机灵。

▶ 比身子长的大尾巴

生活在森林里

松鼠猴喜欢生活在树上,这样不仅能躲避天敌,而且还可以方便地寻找食物。有的时候,松鼠猴也会从树上下来,来到地面上活动。

▶吃东西的松鼠猴

🐾喜欢群居

松鼠猴喜欢和自己的同伴居住在一起，它们是群居动物。科学家考察发现：一个松鼠猴群里有 10~20 只猴子。

🐾神奇的幼猴

松鼠猴的幼猴有一个小本领，它们生下来就会攀爬，这样可以在最短的时间里学会基本的生存本领。

● 小松鼠猴调皮地爬到妈妈背上　　→在高处瞭望的松鼠猴

↑松鼠猴毛茸茸的大尾巴可以缠绕在树枝上，也可以缠绕在背上。

🐾保护动物

松鼠猴的数量并不多，所以它被国际社会列为保护动物，禁止捕猎、贩卖和饲养松鼠猴。

🐾声音联络

松鼠猴利用声音和同伴交流，它们如果发出吼叫的声音，就是十分愤怒的意思；如果发出唧唧的声音，就是在告诉同伴食物在哪里；如果发出低沉的呼声，就是在寻找同伴。

note 知识小笔记

🐾动物小档案

类　属：哺乳纲、灵长目、卷尾猴科、松鼠猴属
身　长：85 ~ 160 毫米
体　重：750 ~ 1100 克
食　物：鸟蛋、昆虫、植物果实
分布地区：南美洲森林

Squirrel monkey

Mammal

用手臂荡秋千——长臂猿

作为猿类家族中最小巧的一类动物，长臂猿以其独特的体型和滑稽有趣的动作吸引着我们每一个人的注意力。在我国南方的原始森林里，这些精灵们在这里已生活了很多很多年。

猿类家族成员

猿类家族中的动物是最接近人类的动物，因此也被称为类人猿，长臂猿就是四大类人猿之一。早在 3 000 年前，我们的祖先就已经知道长臂猿了。

● 长臂猿能用单臂把身子悬挂在树枝上

长臂猿是动物中的高空"杂技演员"兼"歌唱家"

长长的前臂

长臂猿的身高还不到 1 米，但是它们的双臂如果伸展开，长度却有 1.5 米，因此它的前臂看起来很长。长臂猿喜欢用长臂在森林里荡来荡去，寻找食物。

古怪的行走

当长臂猿在地面上活动的时候，它们会尝试用双腿走路，这个时候长长的手臂就成为保持平衡的重要部分。为了保持平衡，长臂猿在行走的时候需要不断地调整身体姿势，因此行走起来歪歪扭扭，样子滑稽可笑。

▲ 长臂猿可以直立行走

note 知识小笔记

动物小档案

类　属：哺乳纲、灵长目、长臂猿科
身　高：不足 1 米
体　重：5 ~ 7 千克
食　物：树叶、果实
分布地区：中国南部森林

两岸猿声啼不住

长臂猿曾经在我国长江流域分布，唐代大诗人李白在过长江时，就曾经写过"两岸猿声啼不住"的诗句，来形容长江两岸自然风光。

白色猿猴

长臂猿的体毛颜色较浅，和深绿色的树丛相比，它们看起来像是白色的，因此也被叫做白猿。

长臂猿在绳索上表演特技动作

岌岌可危

因为人类不合理地开采山林，使长臂猿的生存环境被破坏，长臂猿的数量也急剧下降，因此长臂猿被列为国家一级保护动物，它们生活的森林也被保护起来。

Gibbon

Mammal

41

貌似温和的杀手——棕熊

No.017

棕熊的身体粗壮，走起路来摇摇晃晃，看上去笨手笨脚的。实际上它们灵敏异常，奔跑、游泳和爬树，棕熊样样在行。棕熊的胃口很大，而且不挑食，什么东西都可以吃。

暴怒的饥饿者

北美灰熊是棕熊的一种。它脾气暴躁，力气非常大，几乎是完全的肉食性动物，饥饿时会从狼群口中夺食。

棕熊妈妈对宝宝的照顾真可谓是无微不至

● 棕熊的熊掌可以劈断一棵碗口粗的树

幸福的小棕熊

刚出生的小棕熊非常脆弱，但是妈妈的奶营养丰富，几个月它们就长大了。母熊为了保护幼熊，甚至连孩子的父亲都不让靠近。它们会一直在妈妈的身边享受温馨的家庭生活，直到 2 岁后完全长大，才会离开妈妈独自生活。

● 棕熊的腿很短，行动起来很缓慢。

全能冠军

别看棕熊平时行动很缓慢，但如果遇到危险，它们就会爆发出惊人的速度，有时可以达到每小时 50 千米。棕熊还是动物界的大力士——它可以用熊掌劈断一棵碗口粗的树。另外，它也是游泳和爬树的高手。

▲ 两只棕熊正在水里愉快地玩耍

人熊

阿拉斯加棕熊身长 3 米，重可达 800 千克。因为它有时候会用两条后腿直立行走，所以又叫它"人熊"。直立行走可以使人熊更好地观察四周的动静、及时发现食物以及快速躲避敌人。

▲ 棕熊的胃口很大，无论是植物还是动物，几乎样样都吃，吃什么通常取决于当时什么东西最容易被找到。

知识小笔记

动物小档案

类 属：哺乳纲、食肉目、熊科
身 长：150 ~ 280 厘米
体 重：150 ~ 500 千克
食 物：果实、蚂蚁、鱼、鹿
分布地区：亚洲、欧洲及北美洲

冬眠会醒来

生活在北方寒冷森林中的棕熊有冬眠的习性，它们是睡在洞穴里过冬的。不过，这是一种沉睡，一旦受到惊扰，它们便会醒来不再入眠。

Brown Bear

Mammal

卫生小模范——浣熊

美洲大陆生活着一种非常可爱的小动物——浣熊。它们一般只有家猫般大小，毛色有灰色、棕色，尾巴上有许多环形条纹。脸部长得很像狐狸，眼睛周围是黑色的，像是戴了一副墨镜，非常有趣。

🐾 讲究的用餐习惯

浣熊吃东西时特别讲究卫生，喜欢将食物先放在水里洗一洗再吃。比如，它吃鱼时会先把鱼咬死，再用脚按住，用利爪扒掉鱼鳞后再吃鱼肉。它通常洗一块吃一块，还不时地洗一洗手。

🐾 一点儿都不挑食

浣熊对食物一点都不挑剔。尽管它们属于肉食性动物，但偶尔也会吃一些富含各类维生素的素食。如果能顺手抓到些昆虫、鸟蛋、小龙虾、青蛙或鱼，那就再好不过了。

● 浣熊脸部长得像狐狸，眼睛周围是黑色的，像戴了一副墨镜。

奇特的冬眠

冬季来临，一般的熊都要冬眠，可浣熊却依然精神抖擞。即使寒流到来，它也只需用粗大的尾巴卷裹住自己的嘴巴和鼻子，在树梢上或树洞中打个盹儿，顷刻间便又精力充沛了。

● 刚出生的小浣熊没有黑眼圈和漂亮的尾环

生性调皮捣蛋的浣熊，着实让人哭笑不得。

辛劳的雌浣熊

雄浣熊是个不负责任的父亲，它只给了小浣熊生命，却从不照顾它们，日常生活中的一切，如：筑巢、养育幼熊等，都要由雌浣熊来负责。

● 浣熊的尾巴很长，而且有许多环形条纹。

声名狼藉的浣熊

浣熊生性好奇，喜欢搞恶作剧。它们经常侵袭农作物，在垃圾堆中寻找食物，有时甚至会跑到附近居民家里毫不客气地打开冰箱，开饮料瓶，饱餐一顿后扬长而去。人们对它的捣乱真是哭笑不得。

note 知识小笔记

动物小档案

类　属：哺乳纲、食肉目、浣熊科
身　长：42～60厘米
体　重：1～10千克
食　物：虾、昆虫、蛙、鱼
分布地区：北美洲

Raccoon

Mammal

九节狼——小熊猫

No.019

小熊猫是一种害羞的动物，尽管它的名字看上去与大熊猫十分接近，但在血缘上却和浣熊更为接近。小熊猫背部的毛色呈赤红色，四肢则呈棕黑色。柔软蓬松的尾巴既能使它们在运动中保持平衡，睡觉时又可以当作舒适的枕头和被子。

名字来历

小熊猫的尾巴上有 9 条黄白相间的条纹，因此被人们称为"九节狼"。说它是"狼"，其实它的大小和猫差不多，动作也和猫一样灵巧。

● 小熊猫的胡须可以用来探路

小熊猫的尾巴又粗又长，使它们在树上活动时，能够维持身体平衡。

"探路仪"

小熊猫的胡须是最理想的探测仪器，常常帮它在黑暗中探路。

食谱

小熊猫最常见的进食姿势是坐下来用前掌握着食物吃。它主要的食物是冷箭竹和大箭竹的叶子、竹笋，占食物总量的90%以上，偶尔也吃其他植物的根、茎、嫩芽、嫩叶、野果以及昆虫、小鸟、小型兽类等，尤其喜欢吃带有甜味的食物。

小熊猫攀爬技术高超，能稳稳当当地爬上树顶。

小熊猫的性格十分温顺文雅，看起来总是一脸稚气，从来看不到愁容，人们非常喜爱它。

将母爱留给弟妹

雌小熊猫每胎会产下2～3只幼仔，这些小宝宝生下来就在妈妈的呵护下生活。可是，等到它的弟弟妹妹出生后，它们就不得不离开妈妈独立生活了。

救救小熊猫

由于人们长期砍伐森林、乱捕滥杀，野生小熊猫的现状已经不容乐观。很多地区的小熊猫仅残存在极为狭窄的区域，对繁衍后代造成了很大的困难。此外，一些恶性的传染病也是致使小熊猫死亡率极高的一个因素。

note 知识小笔记

动物小档案

类　属：哺乳纲、食肉目、浣熊科

身　长：40～60厘米

体　重：约6千克

食　物：树叶、果实、小鸟

分布地区：中国西南地区、尼泊尔、缅甸北部的高山森林中

Red Panda

Mammal

地下城市建筑师——草原犬鼠

草原犬鼠又叫旱獭，体色呈土黄色，这种颜色使它们与周围环境融合起来，不易被"敌人"发现。夏天时草原犬鼠就会在体内贮存脂肪，为冬眠做准备。它们冬眠的时间一般为半年，有的甚至长达8个月之久。

在游戏中学习生存

犬鼠妈妈很喜欢同小犬鼠玩耍，小犬鼠就这样在游戏中慢慢长大。它们从看似简单的游戏中学会了生存的技能，也逐渐具备了保护家庭的责任心和能力。

夏季时，草原犬鼠就开始在体内储存脂肪，以便满足冬眠时身体的消耗。

冬眠减肥

冬眠前的草原犬鼠胖乎乎的,冬眠时它们就缩成一个圆球,以降低热量散失。当春季来临时,草原犬鼠会从冬眠中醒来,它们与冬眠前判若两"人",消瘦得令人无法置信。

● 草原犬鼠的身体呈土黄色,使它与周围环境巧妙地融合起来。

顽皮的小家伙

草原犬鼠很爱玩,它们常聚在一起你拉我、我推你地取乐。有时两只草原犬鼠会面对面站着碰牙齿,这看起来很有趣,但它们这样做不是在玩耍,而是在战斗。

"放哨站岗"

草原犬鼠非常机警,它们会在自己的"家"门口设置哨岗。一旦发现敌情,它们会一声呼哨向同伴们报警。随后,它们便向地洞深处逃去。

▲ 草原犬鼠善于挖土,可以挖掘出好几米深的地道。

齐备的家

草原犬鼠是挖洞能手,它们的地洞结构复杂,盘根错节。地洞中有一些巢室是用来冬眠和生育宝宝的,有一些巢室则是它们的厕所,有一些巢室专门用作卧室,里面铺着厚厚的干草和树叶。

note 知识小笔记

动物小档案

类　属:哺乳纲、啮齿目、松鼠科
身　长:约 30 厘米
体　重:约 1 千克
食　物:各种植物
分布地区:北美洲的草原

Prairie Dogs

Mammal

多刺的独居动物——刺猬

No.021

刺猬浑身都是刺，让"敌人"望而生畏。它的视觉和听力都不好，但嗅觉却十分灵敏，在沙漠、森林、平原都可以找到刺猬的身影。刺猬到了冬天会冬眠，生活在沙漠地区的刺猬还会夏眠呢。

致命的克星

刺猬的针刺非常厉害，遇到敌人时，刺猬会把自己团在一起，缩成一个带刺的小球，这个"刺球"能让一些大型的兽类望而却步。但是黄鼠狼却毫不畏惧，它释放的臭气能将刺猬熏昏，昏迷中的刺猬会逐渐放松身躯，最终丧命。

● 遇到敌人时，刺猬会缩成一个带刺的小球。它们可以长时间保持这种姿势，直到危险过去。

敏锐的嗅觉

刺猬的嗅觉十分灵敏，它的鼻子总是湿漉漉的，能闻到地表以下3厘米处的小虫子。

● 刺猬的鼻子十分灵敏

年复一年的生活

小刺猬一般在 6 月底 7 月初降生，出生后 3 周内，它们以母乳为食。3 周以后，开始在母亲的带领下出外觅食。秋天，刺猬拼命吃东西来储存脂肪以备冬眠。10 月，刺猬进入冬眠状态，次年 3 月会从冬眠中醒来。

刺猬是一种性格非常孤僻的动物，喜欢安静，怕光、怕热、怕惊扰。

小刺猬出生时身上没有刺，但几小时后就会长出针刺。出生时它们什么也看不见，2 周后才渐渐有了视觉功能。

小刺猬的刺

小刺猬出生时身上并不长针刺，因为如果长刺就会刺伤刺猬妈妈。但出生几小时后，小刺猬的背上就会慢慢长出短而稀疏的刺来，并随着体重增加越变越浓密。

可怕的危机

并不是所有的刺猬都会从冬眠中醒来。对刺猬来说，450 克是个性命攸关的数字，体重低于这个重量的刺猬大多在冬眠之后不会醒来。

note 知识小笔记

动物小档案

类 属：哺乳纲、食虫目、猬科
身 长：约 30 厘米
体 重：400 ~ 500 克
食 物：草根、果实、昆虫
分布地区：除南极以外，世界各地都有分布

Hedgehog

Mammal

哺乳动物

沙漠之舟——骆驼

沙漠之舟——骆驼

骆驼分为单峰驼和双峰驼。它们身躯庞大,四肢细长有力,脚上长有厚厚的皮和两个宽大的脚趾,很适合在沙地上行走。骆驼的眼睑和鼻孔都有着特殊的生理结构,具有良好的保护功能,可以抵御沙漠中的风沙。

● 骆驼的鼻孔和眼睛都很大

● 单峰骆驼

环境练就的本领

骆驼既耐饥渴又善饮,在沙漠中,骆驼可以几天不进食、不进水,但是在找到水源后,单峰驼可以在 10 分钟内饮入 100 升水。

对沙尘的防护

骆驼的眼睛和鼻孔都很大,这使它们有很好的视觉和嗅觉。在沙尘暴中,骆驼那长长的眼睫毛可以很好地保护眼睛免受沙尘的侵扰。同时,它也会闭上隙状的鼻孔,把沙尘拒之鼻外。

保护双峰骆驼

在我国新疆境内的阿尔金山自然保护区和罗布泊内生活着一种双峰骆驼，是世界上唯一靠喝咸水生存的动物，它的存在可以说是一种奇迹！这是一种比熊猫还稀少的动物，保护它们的工作迫在眉睫。

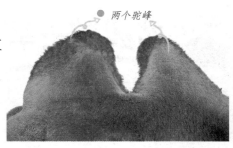

两个驼峰

双峰骆驼四肢粗短，更适合在沙砾和雪地上行走。

储存能量的驼峰

骆驼的驼峰中储存着脂肪，而不是水。刚出生的小骆驼是没有驼峰的，只有当它们渐渐长大，开始吃固体食物后，它们的驼峰才逐渐长出来。

骆驼能在荒漠里生活，得益于它超强的耐饥渴本领，以及可以在体内贮存大量脂肪以备长途的消耗。

变化的体温

与许多哺乳动物不同，一只健康骆驼的体温是变化的。一天中，骆驼体温的变动范围在 34 ~ 41.7℃之间。变化的体温使骆驼能在炎热的天气里不出汗，从而最大限度地保持自己体内的水分。

note 知识小笔记

动物小档案

类　属：哺乳纲、偶蹄目、骆驼科
身　长：约 3 米
体　重：400 ~ 500 千克
食　物：树叶
分布地区：中国的西北，阿拉伯，非洲中、北部和蒙古的沙漠地区

Camel

Mammal

北极的主宰——北极熊

No.023

北极熊是北极地区最大的食肉动物，它全身披着厚厚的白毛，甚至耳朵和脚掌也是如此，仅鼻头有一点黑。北极熊擅长游泳，但一生大部分时间都在浮冰上度过。

再冷也不怕

北极熊穿着双层"保暖衣"：一层是它那浓密柔软的长毛，可以吸收热量；在皮下还有一层厚厚的脂肪，可以减少热量的散失，所以北极熊在零下40℃的环境中依然能够安闲地生活。

北极熊虽然体型巨大，但头部相对比较小，还细细长长的，和口鼻一起呈楔形。

● 北极熊周身覆盖着厚厚的白毛

● 耳朵很小，有助于减少热量的散发。

自知之明

如果北极熊在游泳时遇到海豹，它会视而不见。因为它深知，在水中它不是海豹的对手，与其拼死拼活地决斗一场，还不如放海豹一马，也不消耗自己的体力。

🐾粗暴的"新郎"

当公熊与母熊相会之后，如果两情相悦，双方便一起漫步于晶莹剔透的冰上谈情说爱。如果母熊对公熊感到不满意，公熊往往会对母熊施加暴力，母熊哪里是公熊的对手，最后只得不情愿地做了"新娘"。

🔺 北极熊是比较好斗的家伙，随着恋爱季节的到来，斗殴事件经常发生。

🐾切磋功夫

北极熊之间经常"张牙舞爪"地嬉戏打闹，其实它们只是相互试试实力，只有在争夺配偶时，雄性之间才会发生真正的较量。

🔺 北极熊的视力和听力与人类相当，但它们的嗅觉极为灵敏，能闻到冰面下海豹的味道。

🐾聪明的狩猎者

北极熊可以连续几个小时在冰面上等候海豹，并会用熊掌捂住鼻子，以免自己的气味和呼吸声将海豹吓跑。当海豹稍一露头，"恭候"多时的北极熊便会以极快的速度，朝着海豹的头部猛击一掌，可怜的海豹还不知道发生了什么事就一命呜呼了。

note **知识小笔记**

🐾 **动物小档案**

类　属：哺乳纲、食肉目、熊科
身　长：200～260 厘米
体　重：400～800 千克
食　物：海豹、海豚
分布地区：北极

Polar bear

Mammal

高山兽王——雪豹

No.024

雪豹从名字上看似乎和其他的豹类是一家,实际上可能和虎的血缘更为接近,它是唯一生活在冰冷山区的野生猫科动物。雪豹全身的毛色灰白,通体布满黑色的斑点,是豹类家族中最美丽的一种。

雪豹有很高的经济价值,所以一直是人们狩猎和捕杀的对象。

 夜行性动物

雪豹是夜行性动物,白天要么呆在岩洞里闭目养神,要么躺在高山的岩石上晒太阳。在黄昏或黎明的时候它最为活跃,喜欢在山脊和溪谷地带悠闲地游走。

耳背灰白色,边缘黑色。

黑白相间的胡须

数量减少的原因

雪豹的皮毛有很高的经济价值,所以一直是不法分子猎杀的对象。同时,雪豹靠捕食岩羊为生,岩羊的数量下降也给雪豹的生存造成了威胁。由于雪豹很难适应低海拔地区的气候、气压等的变化,所以在其他地区繁殖率很低。

生活在深山上

雪豹栖息在高山积雪地带，在青藏高原、新疆、甘肃、内蒙古等地都可见到它们的身影。在可可西里，雪豹夏季居住在海拔5 000～5 600米的高山上，冬季一般会迁居到相对较低的山上。

● 雪豹粗大的尾巴是它掌握方向的"舵"，使它可以在十几米宽的山涧一跃而起，还可以在空中转弯。

▲ 雪豹的巢穴，一般设在岩洞中、乱石凹处、石缝里或岩石下面的灌木丛中。

机警的猎人

雪豹捕食时很会伪装自己，常常利用体毛的颜色隐蔽在堆满积雪的悬崖边，静等猎物出现，像极了一个"机警的猎人"。

▲ 雪豹周身长着细软厚密的白毛，上面分布着许多不规则的黑色圆环，尾巴比它的身体还要长。

跳跃高手

雪豹四肢矫健，行动敏捷，十几米宽的山涧它能一跃而过，三四米高的山岩更不在话下。粗大的尾巴是它掌握方向的"舵"，使它在跃起时可以转弯，因此雪豹捕食的能力很强。

note 知识小笔记

动物小档案

类　属：哺乳纲、食肉目、猫科
身　长：110～130厘米
体　重：38～75千克
食　物：野兔、羊
分布地区：亚洲喜马拉雅山及阿尔泰高山地区

Snow leopard

Mammal

贪睡的小家伙——考拉

No.025

哺乳动物

贪睡的小家伙——考拉

考拉也叫树袋熊、无尾熊，它行动迟缓，憨态可掬，是澳洲非常出名的动物。考拉身上长着又厚又密的软毛，毛色由岩灰色过渡到微棕色，见过它们的人，都忍不住要去抱抱它们，因为它们实在太惹人喜爱了。

名字的由来

考拉的名字"koala"本来是澳大利亚土著语中"不喝"的意思。除非生病，考拉平时都不喝水，它身体所需的水分全部来自它所吃的桉树叶。"考拉"这个名字就起源于它的这种特殊行为。

◄考拉的长相酷似小熊，它性情温顺，体态憨厚，非常招人喜欢。考拉通常会发出"嗡嗡"声和"呼噜"声与同伴交流，也会通过散发的气味发出信号。

生活习性

考拉的一生大部分时间在桉树上度过，很少下到地面。它们的食物以桉树叶为主，偶尔吃一些其他树叶。因为考拉吃了大量的桉树叶，所以它们浑身都散发着桉树叶的气味。

🐾艰难的生存

考拉最初是澳大利亚土著人和野狗的主要食物来源，后来很多人为了得到它们的皮毛而对其进行了大量的捕杀。如今，随着人类活动区域的增大，考拉的栖息地日渐缩小。

➤考拉肌肉发达，四肢修长且强壮，适于在树枝间攀爬。

▲ 为了储存更多的能量，考拉经常趴在树上睡觉。

🐾坐着好舒服

考拉的皮毛又厚又密，这样它们就可以很舒适地坐在树上，而不会被树枝硌痛。

🐾误会

我们在动物园里看到考拉的时候，通常它都在睡觉，大家会觉得它可真是个懒惰的小家伙。其实，是我们误会了它。因为考拉只吃树叶，而树叶的能量实在是太少了，所以考拉就靠睡眠来补充能量，每天要睡 18 ~ 22 小时。

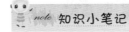

🐝 note 知识小笔记

🐾 动物小档案 🐾

类　属	哺乳纲、有袋目、袋熊科
身　长	70 ~ 80 厘米
体　重	8 ~ 15 千克
食　物	桉树叶
分布地区	澳大利亚东部

Koala

Mammal

会装死的动物——负鼠

No.026

负鼠是生活在美洲的有袋动物，负鼠的育儿袋与袋鼠的不同，只在腹部前方有竖条开口，而不呈口袋状。当遇到危险时，负鼠就会躺在地上装死，来避免受到强大动物的伤害。

亲历亲为

负鼠的家在"装修"时，从"选材"到"建筑"，它都要亲自完成。选好"建筑"用的材料树叶、草枝后，负鼠用尾巴将其卷起运回家中，运用这些材料建造一个舒服的家。

● 大多数负鼠具有能缠绕的长尾，因此母负鼠能随身携带幼鼠到处奔跑。

独特的出行

负鼠宝宝和妈妈一起出行时，会把尾巴绕在妈妈的尾巴上，然后把脚插进妈妈松软的皮毛里。这样无论负鼠妈妈怎样活动，它们都可以稳居其上，既舒服又安全。

🐾恋母情结

负鼠一出生便立即爬进妈妈的育儿袋中，找到一个乳头含住不停地吃。当小负鼠在育儿袋里长到一只小老鼠那么大时，育儿袋无法再容下它了，负鼠妈妈就"咔嗒咔嗒"地发出特殊信号，这时小负鼠才爬出来。

● 小负鼠在妈妈温暖的育儿袋里

🐾生存智慧

当负鼠遇到危险时，它就翻滚躺下，四脚朝天，两眼直瞪，可以几小时一动不动。猛兽以为它已经死了，就没有什么胃口了。等敌人走远了，负鼠便"死而复生"啦。

⊱ 负鼠喜欢生活在树上，它行动十分小心，常常先用尾巴钩住树枝，站稳之后再考虑下一步动作。

🐾多功能的尾巴

负鼠的尾巴可以帮助它倒挂在树枝上；在跑得太快时，负鼠就会用尾巴当刹车器，让自己停下来；当食物缺少时，尾巴就成了一个营养库，负鼠会用它来贮存脂肪。

note **知识小笔记**

🐾动物小档案

类　属：哺乳纲、有袋目、负鼠科
身　长：40～45厘米
体　重：45～100克
食　物：鸟蛋、青蛙
分布地区：美洲

Opossum

Mammal

哺乳动物

专吃蚂蚁的动物——大食蚁兽

专吃蚂蚁的动物——大食蚁兽

No.027

大食蚁兽是以蚂蚁为食的动物,一天可吃大约20 000只蚂蚁。大食蚁兽最突出的特征是有一个长管状的嘴和一条浓密厚实的长尾。它没有牙齿,但舌头特别灵活,舌头上有黏性极强的唾液,正好用来舔食蚂蚁。

🐾 独特的长尾巴

大食蚁兽的尾巴长度在 0.6 ~ 0.9 米之间,占身长的一半还多。睡觉时,它会用长着长毛的尾巴盖住身体,就像盖了一条暖和的大棉被一样。

● 身体全长可达 2 米

🐾 超强的嗅觉

大食蚁兽的眼睛极小,视觉很不发达。它的行动主要依靠灵敏的嗅觉,其嗅觉之敏锐,胜过人类 40 倍以上。

大食蚁兽的面部修长,尾毛长而蓬松,喉部、肩部长有黑色楔形条纹,其边缘镶以白色。

敢与狮子搏斗

食蚁兽虽说貌不惊人，专食"弱小"，但它们绝非等闲之辈。无论遇到多么强大的对手，它都不肯轻易束手就擒，连美洲狮、美洲虎都不敢小瞧它。当被敌人追赶时，大食蚁兽会突然转身，与敌人抱在一起，然后用利爪猛刺敌人。

● 走路的时候，鼻子总是嗅来嗅去，吻部几乎与地面接触，并不停地摇动着尾巴，样子十分奇特。

▶ 大食蚁兽的皮肤又硬又厚，前腿粗壮有力，长长的爪子弯曲如镰刀，可以抵御敌人的尖牙利爪。

有利的武器

大食蚁兽的前足有着尖锐的爪。平时，它用利爪来捣毁蚁窝、剥树皮或攻击敌人。行走的时候，它把爪背着地面来保护利爪。

濒临灭绝

大食蚁兽生活在中美和南美洲的热带地区。这些地区的一些肉食性动物，如美洲狮等，可以对大食蚁兽构成威胁。人类也曾对大食蚁兽进行过大量捕杀，所以它的数量已经很少了，目前已被列为濒临绝种的动物。

note 知识小笔记

动物小档案

类　属：哺乳纲、贫齿目、食蚁兽科
身　长：约2米
体　重：40 ～ 50 千克
食　物：蚂蚁及其他昆虫的幼虫
分布地区：中美和南美洲的热带地区

Tamanoir

Mammal

乖巧的食草者——梅花鹿

No.028

梅花鹿因为背上有白色似梅花的斑点而得名。它性情非常温顺，形态也很可爱，而且反应敏捷，行动灵活，是人类的好朋友。梅花鹿的主食是树叶，通常在固定的地方觅食。

● 雄鹿的头上长有一对长长的鹿角

形态特征

雌鹿的体型较小，且头上无角。雄鹿的体型较大，在 2 岁时开始长角，角长可达 80 多厘米，而且每年增加 1 个分叉，5 岁后才停止分叉。

● 梅花鹿的背脊两旁和体侧下缘镶嵌着许多排列有序的白色斑点，就像一朵朵美丽的梅花。

爱清洁

梅花鹿很爱干净，它在夏季和冬季的体毛是不一样的。春天换成有白斑的夏毛后，梅花鹿会经常用嘴去修饰它们。不过，秋天换成颜色较深的冬毛后，雄鹿反而喜欢把自己弄得一身是泥，以吸引雌鹿的注意。

🦁怕热不怕冷

梅花鹿怕热不怕冷。温度升高时，它就会躲在树阴下；当气温降到 0 ℃以下时，仍能自由活动，并不影响它觅食，尤其喜欢在雨雪天气出来清洁身体。

敏感而机警

梅花鹿生性敏感而机警，它的听觉和嗅觉都很发达，只要听见一点儿风吹草动，它们会马上伸长脖子瞪大眼睛，进入警戒状态。

🐾note 知识小笔记

🐾动物小档案🐾

类 属	哺乳纲、偶蹄目、鹿科
身 长	125 ~ 145 厘米
体 重	70 ~ 100 千克
食 物	果实、杂草
分布地区	中国、日本、朝鲜和越南

● 梅花鹿具有很高的经济价值

🔺 梅花鹿四肢细长，蹄窄而尖，奔跑速度很快，跳跃能力也很强，尤其擅长攀登陡坡，能连续大跨度地跳跃，动作轻快敏捷。

Sika Deer

Mammal

🐾珍贵的鹿茸

每年春季，雄鹿的旧角脱落，长出新角。新角质地松脆，外面蒙着一层棕黄色的天鹅绒状的皮，这就是鹿茸，具有很高的药用价值。采锯鹿茸要注意时间，否则鹿茸会逐渐骨质化，等外面的茸皮脱落后，就变成又硬又光的鹿角了。

海上霸主——鲸

No.029

全 世界有 90 多种鲸，分为两大类：须鲸类和齿鲸类。须鲸类没有牙齿，有鲸须和两个鼻孔，像蓝鲸等。齿鲸类有牙齿，没有鲸须，有一个鼻孔，能发出超声波，并有回声定位能力，如虎鲸等。

独特的生理构造

所有种类的鲸都没有体毛，皮肤裸露，也没有汗腺和皮脂腺。它们皮下的脂肪很厚，可以帮助它们保持体温，还可以减轻身体在水中的比重。

→鲸在水里游泳时，靠上下摆动尾鳍的方式前进，而一般鱼类靠左右摆动尾鳍来使身体前进。

蓝鲸的尾巴

蓝鲸在潜水之前总是将尾巴露出水面，再让身体高高跃起，升到水面，最后才潜入水中去觅食。平时它也喜欢用尾鳍打水，可能是在做游戏，也可能是为了引起同伴的注意。

🐾细嚼慢咽

别看蓝鲸身躯庞大，但是它的喉咙却非常狭窄，只能吞下体宽在 5 厘米以下的小鱼。这样的生理结构很有利于海洋鱼类的繁衍生息，如果很多成年鱼类也被蓝鲸吃掉，那么海洋中的鱼类也许很快就濒临灭绝了。

☞ 蓝鲸是须鲸中最大的一种，仅舌头上就能站 50 个人，它的心脏有一辆小汽车那么大。

📒 note 知识小笔记

🐾 动物小档案 🐾

类　属	哺乳纲、鲸目
身　长	6 ~ 30 米
体　重	最重约 190 吨
食　物	虾、鱼类
分布地区	南、北极附近海域和北太平洋海域

🐾海里的金丝雀

白鲸会发出很多声音：口哨声、当当声、牛叫似的哞哞声等，所以有人为它们取了一个美丽的绰号"海里的金丝雀"。其实，白鲸的歌唱是与同伴之间的一种交流。

🐾杀人鲸

杀人鲸也叫虎鲸，生性胆大而狡猾，凶残又贪婪，不管海洋中的什么生物，小到鱼虾、海鸟，大到鲨鱼、海象甚至蓝鲸都难逃活口。它们经常装死去诱捕猎物，捕到猎物后集体共享美餐。

● 自然海域中的虎鲸凶猛异常

● 虎鲸的体表光滑无毛，皮下是一层厚厚的脂肪层，可以隔绝寒冷的侵蚀。

Whale

Mammal

可爱的宠物——豚鼠

No.030

说起豚鼠，也许你不知道它是什么动物，但你一定知道荷兰猪吧，它可是现在很热门的宠物。荷兰猪就是豚鼠，它那胖胖的身躯外裹着长长的毛发，就像一团毛球一样。

来自南美的豚鼠

豚鼠的老家在南美洲秘鲁的草原上，它的长相十分奇特，头部看起来像猪，因此后来人们就把它叫做荷兰猪。野生豚鼠的毛色是灰色的，这样便于隐藏，躲避天敌。

● 豚鼠的身体、头部、耳朵、眼睛都圆滚滚的，看起来十分可爱。

漂亮的宠物

现在作为宠物的豚鼠是人工培养的，不仅毛发颜色变成了其他颜色，而且还有斑点豚鼠，更是得到了许多宠物爱好者的欢心。

note 知识小笔记

动物小档案

类　属：哺乳纲、啮齿目、豚鼠科
身　长：20～34厘米
体　重：400～700克
食　物：青草、根和种子
分布地区：南美洲秘鲁

伟大的建筑师——河狸

№.031

河狸喜欢在夜间活动，以鲜嫩的树皮、树枝及芦苇为食。河狸是非常伟大的建筑师，它们修筑的水坝坚固又结实，建造的巢穴舒适又安全。除人类外，任何动物都不会像河狸这样把"家"建造得这么好。

🐾 身体特征

河狸身体肥胖，臀部滚圆，头上长着短小的耳朵和小而圆的眼睛。它们的耳朵和鼻子长有瓣膜，在水中活动时可防止水流进入。河狸前肢粗短有力，后肢更为强壮，足上有五趾，趾间有蹼，适于游泳。

↑ 河狸通常在夜间活动，善于游泳和潜水。

🐾 家庭生活

河狸的家庭与人类家庭相似，由河狸夫妇和它们的孩子组成。河狸夫妇会厮守终生。只有当一只不幸亡故后，剩下的一只才会"再婚"，以维持家庭的存在。

note 知识小笔记

🐾 动物小档案

类　属：哺乳纲、啮齿目、河狸科
身　长：60～100厘米
体　重：17～30千克
食　物：树皮、树枝、芦苇
分布地区：欧洲及北美洲的寒带地区

伟大的建筑师——河狸

哺乳动物

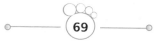

倒挂生活的动物——树懒

No.032

树懒是中、南美洲特有的动物。它全身上下长着灰褐色的蓬松长毛，头短而圆，小小的耳朵隐藏在长毛里面，尾巴通常比较短。树懒有很强的耐饥饿本领，食物缺乏的时候 1 个月不进食也不会饿死。

note 知识小笔记

🐾 动物小档案 🐾

类　属：哺乳纲、贫齿目、树懒科
身　长：50 ～ 80 厘米
体　重：4 ～ 7 千克
食　物：树叶、松果林
分布地区：中、南美洲的热带森林

🐾 树懒的生活习性

树懒一生都是倒挂生活在树上，叫它"树懒"真是一点儿也没错，它的动作又懒又慢，每分钟最快也只能爬行 1.8 ～ 2.4 米。树懒是夜行性动物，主要吃树叶、嫩芽和果实。

→倒挂在树上的树懒

🐾 天然"迷彩装"

树懒的毛通常生长着绿苔，这些绿苔给它染上了绿色，使它在树叶间很难被发现。这是树懒自己"发明"的纯天然的"迷彩装"。

● 面部和猴子有点儿相似

树懒宝宝

树懒宝宝会用稚嫩的爪子牢牢抓住妈妈腹部的皮毛，跟妈妈一起在树上跳来跳去地玩耍、休息和进食。一直到 6 个月大，等它可以独立生活，就该离开妈妈了。

"因地制宜"

树懒的毛由两部分组成：起保暖作用的细软绒毛和起保护作用的外部长毛。因为树懒倒挂着生活，所以它的毛与大部分动物的毛长势恰恰相反，它是由腹部朝背部向上长的。这样，下雨的时候雨水才容易顺着毛的长势往下流。

树懒的四肢非常有力气，可以牢牢地抓在树枝上。

对于树懒来说，最好的食物就是树叶。只要吃上一点，它们好几个小时都不会饿。

树懒在树上活动时，靠抱着树枝、竖着身体向上爬行；或四肢倒挂在树上，交替向前移动。

最适合树上生活

树懒的身体结构非常适合在树枝上悬挂。它们可以牢固地抓在树枝上，即使睡着了也不会掉下来。树懒在地面上的移动十分困难，因此它们总会尽快地回到树上去。

Sloth

Mammal

重型"装甲车"——犀牛

No.033

犀 牛身躯庞大而粗壮，有着黑而粗糙的皮肤。它们常以泡在泥浆中的"大汉"形象出现在人们面前。犀牛头上长有双角，视觉很差，靠灵敏的听觉和嗅觉生活。

貌似笨拙

犀牛体型庞大、行动迟缓，总是懒懒地呆在水中，给人的感觉很笨拙。但是千万不要被它的假象所蒙蔽，如果犀牛奔跑起来，有时速度能达到每小时 64 千米。

◀异常粗笨的躯体、短柱般的四肢、庞大的头部、全身披着铠甲般的厚皮使犀牛看起来像一辆重型"装甲车"。

黑白犀牛的由来

据说第一批到达非洲的荷兰人发现当地的犀牛一种嘴略宽、一种嘴略窄，于是称嘴宽的为"wide"（宽），以讹传讹就成了"white"（白色），另一种自然就是"black"（黑色）。这便是"白犀牛""黑犀牛"名字的由来。

洗个"泥水澡"

犀牛总是在早晨和傍晚的时候最活跃。由于缺乏汗腺，中午最热的時候它们就在泥里打滚，泥浆能帮犀牛降低体温，同时也起到了赶走昆虫的功效。

note 知识小笔记

动物小档案

类 属：哺乳纲、偶蹄目、犀科
身 长：2～4米
体 重：约3000千克
食 物：草、植物的叶子
分布地区：非洲中南部

粪便当界碑

黑犀牛对属于自己领域的表示方法独树一帜，它会跑到固定的地方大便，然后用脚将粪便踢到周围。这样它的气味就可以警告外来者不要进入它的领地。

◀ 犀牛的皮肤虽然很坚硬，但其褶缝里的皮肤十分娇嫩，常有寄生虫在其中。为了赶走这些虫子，它们常在泥水中打滚抹泥。有趣的是，有一种犀牛鸟经常停在犀牛背上为它清除寄生虫。

犀牛的皮肤

犀牛的皮肤其实是灰白色的，但是由于覆盖了一层泥浆，所以看起来要更深暗一些。犀牛的皮肤很粗糙，但是特别敏感，太阳的照射和蚊虫的叮咬都是它们无法忍受的，这也是它们为什么老呆在水中的原因。

Rhinoceros

Mammal

用耳朵探路的精灵——蝙蝠

No.034

蝙蝠的头很小,耳朵较大,脸部怪异,与老鼠有些相似。蝙蝠分为大蝙蝠和小蝙蝠两类,最大的蝙蝠重达1.5千克,而最小的仅有14克重。蝙蝠喜欢白天休息,夜晚活动觅食。

特技飞行

蝙蝠是唯一会飞的哺乳动物,它们善于在空中做圆形转弯、急刹车和快速变换飞行速度等各种"特技飞行"。

● 蝙蝠的翼是进化过程中由前肢演化而来的

▲ 几乎所有的蝙蝠都是白天休息,夜晚觅食。

回声定位

蝙蝠的视力很弱,靠喉内发出的超声波来捕食。当声波碰到障碍物或昆虫时会反射回来,并被蝙蝠的耳朵接收,蝙蝠据此推测目标是昆虫还是障碍物,并可以度量出它的距离,这就是蝙蝠的"回声定位"。

▲ 蝙蝠具有高度灵敏的发声中枢与听觉中枢

团结的队伍

蝙蝠出门猎食的时候，会把小宝宝留在"育婴房"中，这时它们便紧紧地挤在一起，借此保持体温。没有生育的雌蝙蝠像位有爱心的"阿姨"，会以自己的体温温暖群体中的幼儿。

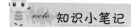

▶蝙蝠趾端有钩爪，可以牢牢地钩住物体，因此常倒挂在洞穴里或屋檐下休息。

倒挂的动物

蝙蝠白天在屋顶或树洞内倒挂着睡觉，蝙蝠宝宝出生后，会用爪牢固地挂在妈妈的胸部吸乳，在妈妈飞行的时候也不会掉下来。

▶蝙蝠的食物包括花粉、果实、鱼类等。

恐怖的"吸血杀手"

在美州的一些地方，有一种吸血蝙蝠，专门以吸其他动物的血液为生。它总是很小心地飞到袭击对象眼前，在天空盘旋，观察寻找下手机会，多在动物熟睡时吸血。每次吸血时间大约 10 分钟，最长可达 40 分钟，最多可吸 200 克，相当于自身的体重。

note 知识小笔记

动物小档案

类　属：哺乳纲、翼手目、蝙蝠科
身　长：0.14 ~ 2 米
体　重：0.14 ~ 1.5 千克
食　物：树叶、昆虫、蛙
分布地区：除南极外，世界各地都有分布

Bat

Mammal

快乐的懒蛋——家猪

猪 是我们身边最常见的动物,它长着四条短腿、臃肿的身躯和一个大脑袋,最明显的特征是长长的嘴,以及有两个大鼻孔的圆鼻子。人们一直认为猪又懒又笨,其实它是一种非常聪明的动物。

猪是一种善良、温顺、聪明的动物。

家猪的祖先

家猪的祖先是野猪。大约在 5 000 年前,一些野猪经常在人类聚居的地方找寻吃剩下的食物,后来它们就渐渐被人驯养而成为家畜。

浑身都是宝

别看家猪长得不起眼儿,可它浑身都是宝。它的肉可以食用,皮可制革,鬃毛可制刷子和其他工业原料。有一种迷你猪,因其内脏和人类的内脏相似,所以常被用于各种医学实验。

家猪喜欢在泥土里打滚,这样看起来很脏,实际上这是在帮助它们赶走身体上的寄生虫。

可爱的小猪

家猪一次大约可以生 10 只小猪，小猪出生后 1 ～ 2 天内会各自找到一个合适的乳头，之后在整个哺乳期间都不会改变。吃完了奶小猪就呼呼地睡大觉，长得非常快，大约 3 周后，小猪就可以离开妈妈了。

猪宝宝正起劲地吃着妈妈的奶，这同时也是它们通过嗅觉和味觉在和妈妈交流。

喜欢拱着吃

猪喜欢拱泥土和墙壁，这是因为它喜欢吃生长在地下的植物块根和块茎。它用鼻、嘴把土拱开，就比较容易吃到泥土里的食物，同时也吃了泥土中的磷、钙、铁等各种矿物质。

猪生来就具有拱土的遗传特性，拱土觅食是猪采食行为的一个突出特征。

猪的嗅觉极其发达，也能像狗一样担任警卫工作。

一点儿也不笨

人们对猪存在着很深的偏见，嫌它脏、笨、懒。其实猪并不笨，经过训练，能学会狗所能做的任何技巧，而且比狗学得还快。猪会打滚、跳舞、取报纸、拉车子，甚至还会把东西找回来。

note **知识小笔记**

动物小档案

类 属：哺乳纲、偶蹄目、猪科
身 长：90 ～ 180 厘米
体 重：50 ～ 200 千克
食 物：草、果实、粮食
分布地区：除南极外，世界各地都有分布

Pig

Mammal

曾经的战士——马

一直以来,人类都对马有着特殊的感情。在没有交通工具之前,马一直是人类最重要的交通工具;在战场上,它和人类并肩作战,是最顽强的战士。喜欢马的人都以拥有一匹良马而自豪。

勇猛的战士

马被人类驯化的时间可以追溯到 5 000 年前,它曾经是最勇猛的战士。当年成吉思汗的铁骑曾踏遍半个地球,前苏联的格萨克骑兵使敌人闻风丧胆。

● 耳朵不仅是马的听觉器官,还可以表达各种"信息"。

特殊的"语言"

马有自己的"语言",它的"语言"主要是通过耳朵的不同姿态来表示的。耳朵竖起来微微摇动,表示"很高兴";耳朵前后左右不停地摇晃,表示"不高兴";耳朵静静地倒向后边,表示"兴奋";耳朵向前倒或倒向两边,表示"疲劳"。

↟ 骏马奔腾在辽阔的草原上

老马识途

马的嗅觉和听觉都很灵敏，对气味的记忆很强。马的鼻腔很大，分成两个区，里面的嗅觉神经细胞很多，所以嗅觉特别发达。一旦迷路，可以根据气味返回原地。

● 马的鼻腔很大，并分成两个区，里面的嗅觉神经细胞很多，因此马的嗅觉特别发达。

note 知识小笔记

动物小档案

类 属：哺乳纲、奇蹄目、马科
身 长：1.5～2米
体 重：200～1 200千克
食 物：草
分布地区：除南极外，世界各地都有分布

最古老的马种

阿拉伯马是地球上最古老的马种。一般意义上讲的东方马或纯种阿拉伯马，是指在阿拉伯地区培育的、具有沙漠血统的阿拉伯马。它们在良种马中体型是最漂亮的。

终生站立

马终生站立，就连睡觉也是直立着，只有在得了重病时才躺下。这是从它们的祖先那里遗传下来的。远古的野马生活在原野里，遇到敌害的突然袭击时，必须迅速逃走，站着睡觉可以让它们逃得更快些。

小马出生后不久，就跟随妈妈一起去觅食。

Horse

Mammal

哺乳动物

No.037

红眼睛动物

——兔子

红眼睛动物——兔子

兔子是一种小型哺乳动物，它的前肢比后肢短，善于奔跑和跳跃。平时，兔子是很温顺的，但是，它一旦发起火来，你可千万不要去触摸它，俗话说"兔子急了也会咬人的"。

最显著的特征

兔子最显著的特征有三个：首先是它的上唇中央有裂缝，即俗称的"三瓣嘴"；其次，大多数兔子都长着一对漂亮的长耳朵；最后，所有的兔子都有一根翘翘的短尾巴。

● 兔子的嘴巴跟别的动物不同，它的上嘴唇中间有一条线。

↑ 兔子的后腿比前腿稍长，善于跳跃，奔跑速度也很快。

业余天气预报员

兔子是一种夜行动物，一般在晚上活动觅食。兔子吃东西时会警觉地留心周围的动静，当它预感到要下雨时，就会在白天进食，因为雨声会扰乱它的听力。所以，如果兔子白天进食的话，很多人认为是下雨的前兆。

兔子眼睛的颜色与它们的皮毛颜色有关系

不浪费一点营养

兔子爱吃萝卜、白菜等蔬菜，连菜根都吃得干干净净。所有的野兔都会吃掉自己的粪粒，这样做是为了彻底吸取食物中的营养。

多功能的长耳朵

兔子的听力非常灵敏，可以随时发现敌情，迅速逃跑。另外，长耳朵还可以用来调节体温。兔子在运动时，会将耳朵高高竖起，目的是让凉风将其中的血液冷却，再通过全身的血液循环，实现身体的降温。

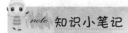
两只长长的大耳朵起着"导热器"的作用

note 知识小笔记

动物小档案

类 属：哺乳纲、兔形目、兔科
身 长：30～50厘米
体 重：2.5～4千克
食 物：草、萝卜
分布地区：除南极外，世界各地都有分布

兔宝宝的出生

兔妈妈要生宝宝时，首先会在草丛中铺上一层自己的毛，给小兔营造一个安静舒适的家。每天清晨，是小兔一天中唯一进食的机会，这时候千万不要打扰它们哦。

Rabbit

Mammal

人类最忠实的朋友——狗

狗 是人类最忠实的朋友。它们聪明、勇敢、忠诚，在人们的生活中起着很重要的作用。狗的嗅觉很敏锐，可以轻易察觉猎物留下的痕迹。因为这些特性，狗在搜寻、侦察等方面已经成为人类的好帮手。

▲ 狗对自己的主人有强烈的保护责任心

散热降温

狗不能依靠身体出汗来散发自身的热量，它们为自己降温的方式与众不同，最常用的办法就是伸出舌头加速呼吸和脚垫排汗。

● 炎热的夏季，狗大张着嘴巴，垂着长长的舌头，靠唾液中水分蒸发来散热。

狗的祖先

狗的祖先是凶残的狼。在一次偶然的机会里，猎人把初生的小狼带回了家，在猎人充满爱心的饲养后，发现驯育狼仔其实很容易，于是，经过长期的驯养，终于培育出狗这种动物。如今，狗已经成为人类非常特殊的朋友。

🐾 小狗的成长

雌犬的孕期为 2 个月，每次能产 1 ~ 4 只小狗。刚出生的小狗嗅觉灵敏，但 9 天后才能睁开眼睛，10 ~ 20 天后才能听到声音。小狗吃妈妈的乳汁长大，一般在 4 ~ 8 个月后断奶，之后就可以独立进食了。

狗妈妈非常疼爱自己的孩子

● 狗将肚子朝天躺着睡觉时，表示它睡得很安心。

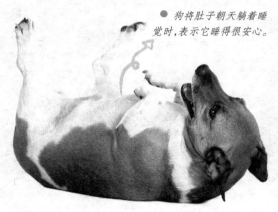

狗的社会中也有一定的规则，如果一只狗被击倒露出肚子，其他狗就不再攻击它。

🦁 "好汉"不吃眼前亏

如果两只小狗个头差不多，它们就会为争夺食物展开战斗。遇到比自己强大的对手时，弱者会知难而退，以仰卧地上、露出其咽喉与肚皮的方式讨好对方。

🐾 食不知味

狗的味觉器官很迟钝，吃东西时，很少咀嚼，几乎是在吞食。因此，狗不是通过细嚼慢咽来品尝食物的味道的，主要是靠嗅觉和味觉的双重作用。

🐝 note 知识小笔记

🐾 动物小档案 🐾

类　属：哺乳纲、食肉目、犬科
身　长：20 ~ 100 厘米
体　重：5 ~ 50 千克
食　物：杂食
分布地区：除南极外，世界各地都有分布

Mammal

Dog

鸟　　类

　　鸟类是有翅膀、羽毛和喙的温血动物。大多数鸟类都会飞，它们翩翩飞舞的身影为大自然增添了一道靓丽的风景。同时，鸟类对地球上昆虫数量的控制、植物种子的传播起了很大的作用。

最大的鸟——鸵鸟

鸵鸟是世界上最大和最重的鸟。虽然是鸟，但翅膀已丧失了飞行能力。鸵鸟拥有着一双修长、有力的长腿，可以不费力地跑很长的距离，最快时每小时可以跑70千米。

唯我独尊

当两个家庭碰到一起时，雄鸵鸟之间就会产生一股浓浓的火药味。为了显示地位，雄鸵鸟之间会展开激烈的战斗，失败者落荒而逃，胜利者则将全部的雌鸵鸟和小鸵鸟收编为自己的家族成员。

● 雄鸵鸟在繁殖季节会划分势力范围，当其他雄鸵鸟靠近时会用翅膀将它们驱走，并发出宏亮的叫声。

宽大的翅膀

鸵鸟奔跑时会伸开它那双大翅膀，这样可以使它的身体保持平衡。但它们的翅膀不像其他会飞的鸟的翅膀有防水功能，一旦下雨，鸵鸟的羽毛就会被淋透。

群居更安全

虽然鸵鸟的视力绝佳，身体也很强壮，尤其是它的大脚非常有力，有时候甚至能将一头狮子踢得无法招架，但是为了保证群体的安全，鸵鸟通常群居。一般 10 只左右一群，但也有 100 多只一群的。

↑鸵鸟属于走禽类，非常适应在广阔的沙漠荒原中生活。

↑鸵鸟啄食时必须将头低下，这时很容易遭受敌人的攻击，所以鸵鸟时常抬起头来四处张望。

"童子军"领导者

鸵鸟"太太"的地位"高高在上"，它们将孵蛋的工作交给"先生"来完成。一只雄鸵鸟有时要为 5 只雌鸵鸟孵蛋，等到小鸵鸟出生，雄鸵鸟已经成了一大群"童子军"的领导者。

食谱

鸵鸟的食谱很杂，不同季节吃不同的食物。一般吃树叶、树根、种子等，但有时也吃蜥蜴等小型动物。鸵鸟还吃沙子、小石头，这些东西可以帮助它们"消化"。

note 知识小笔记

动物小档案

类 属：鸟纲、鸵鸟目、鸵鸟科
身 长：1.7 ~ 2.75 米
体 重：60 ~ 160 千克
食 物：果实、种子、树叶
分布地区：非洲东部沙漠、热带大草原

Ostrich

Aves

鸟类 澳洲鸵鸟——鸸鹋

澳洲鸵鸟——鸸鹋

鸸 鹋是仅次于鸵鸟的第二大巨鸟，只有在澳洲草原才能见到，所以又有"澳洲鸵鸟"之称。它是澳洲最有代表性的动物，澳大利亚的国徽左边是袋鼠，右边就是鸸鹋。

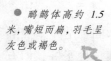

● 鸸鹋体高约 1.5 米，嘴短而扁，羽毛呈灰色或褐色。

怎能辨我是雄雌

雌鸸鹋和雄鸸鹋长得十分相像，让人很难分辨它们的"性别"。经过仔细观察，人们发现，只有雄鸸鹋才会发出"而喵"的叫声。

地位崇高

几年前，一支美国军队和一支澳洲军队在一起进行军事演习，不小心炸死了一只鸸鹋，致使演习中止，由此可见鸸鹋在澳洲的地位非常崇高。

↟ 鸸鹋在澳洲的地位非常高

⬛我的地盘我做主

如果一只雄鸸鹋侵犯了另一只雄鸸鹋的领地，它们之间会为争夺"势力范围"展开斗争。入侵者会遭到对方的报复，它用自己的利爪猛烈地去抓对方的胸部，碰撞的声音在很远都能听到，直到鲜血淋漓，它们才停止战斗。

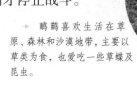

➡ 鸸鹋喜欢生活在草原、森林和沙漠地带，主要以草类为食，也爱吃一些草蝶及昆虫。

⬛失去飞行能力

鸸鹋的翅膀和鸵鸟一样已完全退化，无法飞翔。鸸鹋擅长奔跑，每小时能跑 50 千米以上，而且可以连续跑很久，跨跃能力也很强，一步便能跨出 1 ~ 2 米。

● 鸸鹋的长相一直保持着史前时代的模样，没有丝毫变化，这令一些动物学家感到很困惑。

⬛懂得"讨好"的家伙

鸸鹋很友善，若不激怒它，它从不啄人。当有汽车在公路边停下来时，鸸鹋毫无戒备，反而会大摇大摆地踱步而来，争抢着把头伸进车窗，一是对你表示亲近，二是希望你能给点好东西吃。

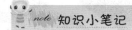

note 知识小笔记

🐾 动物小档案 🐾

类 属：鸟纲、鹤鸵目、鸸鹋科
身 长：约 1.5 米
体 重：45 ~ 50 千克
食 物：树叶、昆虫
分布地区：澳洲草原

Emu

Aves

草原清洁工——秃鹳

No. 041

秃鹳生活在较干旱的非洲大草原上，是一种专食腐肉的鸟。虽然身躯庞大，但是飞行却十分灵敏。秃鹳常和秃鹫结成"联盟"，共同在草原上空盘旋飞行，猎食动物的腐肉。

🔬 解毒药

秃鹳体内可产生一种能够抑制病菌的抗菌素，所以，它们才能这样有恃无恐地吞食草原上的腐肉。

● 秃鹳的体羽多为灰色和白色相间，颈呈淡红色，喉袋下垂，嘴直而厚。

🔬 身体特征

秃鹳长着笔直的长腿和弯曲的颈，颈下垂吊着光秃秃的嗉囊，秃鹳因此而得名。庞大的身躯并不影响秃鹳轻快地飞行，它的腿骨和趾骨都是中空的，这有效地减轻了它的飞行重量。

🐾秃鹳和秃鹫

秃鹳经常尾随在秃鹫群之后。当秃鹫用尖利的嘴撕开动物的厚皮时，大群的秃鹳便成群结队地走向秃鹫群。但是它们之间并不会为抢夺食物而发生战斗，因为它们的口味不同，秃鹫喜欢吃内脏，而秃鹳则喜欢吃肌肉。

● 秃鹫集体觅食

↑ 跟在狮群后抬取狮子的残羹剩饭，是秃鹳最省力的求生之道。

🐾因"火"得福

对于大部分动物来说，草原上燃起的大火无疑是一场浩劫，而这时却是秃鹳最高兴的时刻，因为这正是它们捕杀那些逃命的小动物的好时机。

🐾喜欢与狮子为伍

非洲草原上一般的动物对狮子都"敬而远之"，但秃鹳却很喜欢追随狮群一起活动。这是因为，秃鹳的嘴没有锋利的钩子，不能够啄开动物尸体上的厚皮。

note 知识小笔记

🐾动物小档案

类　属：鸟纲、鹳形目、鹳科
身　长：100～150厘米
体　重：约10千克
食　物：果实、种子、树叶
分布地区：非洲大草原

Marabou Stork

Aves

空中战斗机——游隼

No.042

游隼号称是空中飞行最快的鸟，它的时速可以达到 360 千米，超过某些飞机的速度。虽然游隼的个头不大，但它是一种很凶猛的鸟类，善于在空中捕食，以野鸭等鸟类为食。

精彩的捕猎"表演"

一旦发现猎物，游隼会突然加速，贴近猎物时迅速地伸出强健的脚掌，狠击猎物的头部、背部，当猎物被击昏或击毙从高空翻滚坠落时，游隼会快速轻盈地跟着猎物下降，在半空中把猎物抓走。

● 游隼身体强壮，飞得高而迅速，能急速俯冲，用握紧的爪攻击并杀死猎物。

轮流孵蛋

游隼孵蛋是轮流进行的，当雌鸟外出时，雄鸟会接着孵蛋，因为，在孵蛋的过程中温度必须保持恒定，一旦出现停止的情况，鸟蛋可能就永远也孵不出小鸟了，所以夫妻俩总是轮流捕食，轮流孵蛋。

🐾住得高、看得远

游隼喜欢在靠近水边的悬崖峭壁上筑窝，这样它们就可以很容易地看清猎物，同时，它捕食回来也可以很容易地找到自己的"家"。

▶游隼栖息于近水、多岩石的开阔原野，巢通常建在陡崖的高处。

🐾最小的隼

侏儒隼是隼家族里最小的一员，身高只有约 15 厘米，与那些凶猛的"亲戚"相比，它只能靠捕食小型动物为生。

◀游隼通常单独活动，它们在快速鼓翼飞翔时常伴随着一阵滑翔，也喜欢在空中翱翔。

🐾濒危的生灵

由于人类大量使用杀虫剂，影响了游隼的繁殖能力，特别是使蛋壳变薄，容易破裂，这是造成游隼数量锐减的主要原因之一。另外，栖息地遭到人类活动的破坏，也是重要的原因。我国已将游隼列为国家二类保护动物。

note 知识小笔记

动物小档案

类　属：鸟纲、隼形目、隼科
身　长：40 ~ 50 厘米
体　重：600 ~ 800 克
食　物：蜥蜴、小型鸟类
分布地区：遍布于世界各地

Peregrine Falcon

Aves

鸟
类

钟
情
鸟
——
犀
鸟

钟情鸟——犀鸟

No.043

犀 鸟是一种漂亮而珍贵的大鸟,因为它的大嘴长得很像犀牛的鼻子,所以叫做"犀鸟"。它的嘴巴看起来很笨拙,实际上却非常灵巧。犀鸟喜欢成群活动觅食,喜欢吃果实,也吃各种昆虫。

为什么叫"钟情鸟"

犀鸟非常重感情,如果有一只死去,另一只决不会另寻新欢,它必将在忧伤中绝食而亡。所以人们称它们为"钟情鸟"。

一对犀鸟正在互相表达感情

● 像钢盔
一样的盔突

◀ 犀鸟宽扁的脚趾非常适合在树上攀爬活动,一双大眼睛上长有粗长的眼睫毛。

犀鸟的盔突

犀鸟最大的特点就是它那张大嘴和嘴上托着的像钢盔一样的突出物——盔突,这个盔突看上去很大、很重,其实它的内部是由空的骨头组成的,又结实又轻巧。

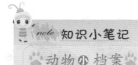

知识小笔记

动物小档案

类　属：鸟纲、佛法僧目、犀鸟科
身　长：70～120厘米
体　重：约800克
食　物：浆果、昆虫、鱼
分布地区：非洲、东南亚的马来半岛、苏门答腊等地区

辛苦的雄鸟

每年春天，当雌犀鸟要产卵时，就会呆在树洞里，开始长达 28～40 天的"禁闭"生活。这期间雄鸟非常辛苦地为雌鸟捕食，它带给雌鸟的果子可达 2 万个之多。等小鸟孵出后，雌鸟才离开巢穴自己觅食。

● 站岗放哨的犀鸟

犀鸟家族

全世界已知的犀鸟有 40 多种。其中，红喙弯嘴犀鸟体型小而修长，羽翼上有白色的斑纹；红脸地犀鸟羽毛黝黑，是犀鸟家族中体型最大的一类。

↑ 犀鸟的飞行速度较慢，飞翔时翅膀发出极大的声响。

关于钟情鸟的传说

很久以前，有一对恩爱的夫妻。为了避免妻子遭到意外，丈夫出去打猎时总把妻子锁在家里。一次丈夫为了追捕一只小鹿，很久才回家，等他到家时妻子已饿死在火炉边。丈夫极度悲伤，便绝食而死，他死后与妻子变成了一对形影不离的鸟——钟情鸟。

Hornbill

Aves

鸟类

森林医生——啄木鸟

森林医生——啄木鸟

No.044

全世界大约有 180 种啄木鸟，其中最常见的是大斑啄木鸟。啄木鸟非常勤劳，整天围着树干转，啄食树木上的虫子，一只啄木鸟一天可以吃上千条虫子，真是名符其实的"森林医生"。

凿洞专家

啄木鸟可以根据声音判断出树洞里有没有虫子，无论虫子藏得有多深，啄木鸟都会找到它。啄木鸟会在树干上凿出好几种不同形状的洞，有的作为哺育幼鸟的育婴室，有的作为自己的巢穴。

● 啄木鸟坚硬的喙很快就能在树皮上啄出一个深深的小洞，并闪电般地伸出舌头捕捉到昆虫。

● 啄木鸟的眼睛下方长有长长的细毛

长长的"眼睫毛"

啄木鸟在凿洞时会产生许多木屑，这些木屑有时可以飞落到周围 10 米之远。但是不用担心，因为啄木鸟的眼睛下方长有长长的细毛，这些细毛就像我们人类的眼睫毛一样，起到了很好的保护作用。

减震器

啄木鸟敲击树干的速度非常快，每秒钟可达 20 次。如此快而有力的节奏产生的震动是非常大的，但是并不会影响啄木鸟的大脑，因为它的喙后面有一处柔软的区域，具有减震器的效果。所以无论它如何敲击树干，都不会震到脑部。

一生都在树上

啄木鸟的一生都在树上度过，它们在树上筑巢安家，生育宝宝，每天都在树干上啄洞捉虫子。

↑啄木鸟主要吃树木的害虫，对防止森林虫害，发展林业很有益处，是名副其实的"森林医生"。

尖锐的喙

啄木鸟的喙很锋利，可以啄开厚厚的树干，它的舌头最长可达 15 厘米，舌头顶端还长有钩状的刺。这些特别的构造，使它能够轻而易举地啄食到树木中的害虫。

知识小笔记

动物小档案

类 属：鸟纲、裂形目、啄木鸟科
身 长：约 40 厘米
体 重：约 60 克
食 物：各种害虫
分布地区：欧洲东部、北非、印度东北、中国、日本

↖大多数啄木鸟终生都在树林中度过，除了睡觉，大部分时间都在捉害虫。

Woodpecker

Aves

捕鼠能手——猫头鹰

No.045

猫头鹰的学名叫鸮，是著名的夜行性动物。猫头鹰听力敏锐，视力极佳，所以它在夜间可以成功捕食猎物。一只猫头鹰一个夏天大约可以捕获 1 000 只老鼠，为人类作出巨大贡献。

柔软的羽毛

猫头鹰周身的羽毛大多为褐色，稠密而松软。许多猫头鹰的脚部都长有厚厚的羽毛，可以避免在捕食蛇一类的动物时被咬伤。

● 猫头鹰的羽毛非常柔软，翅膀上还长有天鹅绒般密生的羽绒。

随遇而安

猫头鹰是全世界分布最广的鸟类之一。除了南极地区以外，世界各地都可以见到猫头鹰的踪影。猫头鹰的窝有的筑在树洞里，有的筑在岩石中，有的筑在地面上，还有的筑在巨大的仙人掌中。

猫头鹰的听觉非常灵敏，在伸手不见五指的黑暗环境中，听觉起主要的定位作用。猫头鹰的左右耳是不对称的，左耳有很发达的耳鼓。

雪猫头鹰

生活在北极的雪猫头鹰有一套特殊的本领，当食物多时，它们就会大量繁殖；而食物少时，它们会少生甚至不生。由于北极特殊的地理环境，雪猫头鹰被迫改变家族白天休息、夜间捕食的习性，因为它如果夜间扑食，则会无法挨过北极夏季漫长的白天。

特别的耳朵

猫头鹰是夜间出来捕食的猛禽，听力对它们来说特别重要。猫头鹰的头骨不对称，所以它的两只耳朵不在同一个水平面上，有利于根据地面猎物发出的声音来确定猎物的正确位置。

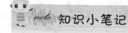

知识小笔记

动物小档案

- 类　属：鸟纲、鸮形目、鸱鸮科
- 身　长：约 50 厘米
- 体　重：2 ~ 4 千克
- 食　物：老鼠、野兔
- 分布地区：除南极以外，世界各地都有分布

永远向前看

猫头鹰的大眼睛只能朝前看，要向两边看的时候，就必须转动它的头。猫头鹰的脖子又长又柔软，能转动 270 度。

大部分猫头鹰还生有一簇耳羽，形成像人一样的耳郭。

Owl

Aves

No.046

世界上最小的鸟——蜂鸟

蜂鸟是世界上最小的鸟,只有黄蜂般那么大。尽管体型小巧,但每只蜂鸟都是飞行高手,可以表演各种飞行特技。蜂鸟主要以花蜜为食,偶尔也吃些小昆虫和小蜘蛛等。

特技飞行冠军

蜂鸟每小时可以飞行 90 千米,如果是俯冲的话,时速可以达到 100 千米。蜂鸟的翅膀可以向任何方向旋转,所以它们可以猛地停下、盘旋,甚至倒飞。这样高难度的飞行是蜂鸟独有的本领。

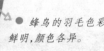

● 蜂鸟的羽毛色彩鲜明,颜色各异。

● 蜂鸟是唯一可以向后飞行的鸟,还可以在空中悬停以及向左和向右飞行。

酷爱洗澡

蜂鸟酷爱洗澡,只要附近有可能利用的水,它们一天可以洗好几次澡。有时甚至跟在洒水车后面,让水洒到自己身上,然后抖抖身子,就好像我们洗过澡一样,神清气爽。

勇敢的小家伙

蜂鸟虽然长得很小,却非常勇敢,当受到比自己大十倍、百倍的山鹰的威胁时,它们也毫不退缩。它们会尽情发挥自己高超的飞行技术,对准敌人的眼睛猛啄,直到把敌人赶走为止。

迁徙的蜂鸟

大部分蜂鸟分布于北美洲各地。其中红颈蜂鸟在佛罗里达南部越冬,而安娜蜂鸟和星蜂鸟则迁至墨西哥越冬,棕褐蜂鸟冬天会迁至墨西哥或加州南部海湾地区。

▲ 蜂鸟狂怒时,敢追赶比它们大 20 倍的鸟,并附着在它们身上,反复啄它们,让它们载着自己翱翔,一直到它的愤怒平息为止。

● 蜂鸟在夜里或不容易获取食物的季节,就进入"冬眠",以此来减慢新陈代谢的速度。

知识小笔记

动物小档案

类　属:鸟纲、雨燕目、蜂鸟科
身　长:约90毫米
体　重:约20克
食　物:花蜜、小蜘蛛、小昆虫
分布地区:北美洲各地

蛰伏

夜晚,辛苦了一天的蜂鸟不再进食了,进入了良好的睡觉状态,体温也从正常的40℃降到21℃,这样它们体内的能量消耗就会变少。这种出现在夜间的类似冬眠的状态,就是蜂鸟的"蛰伏"。

鸟类

会飞的风景——巨嘴鸟

会飞的风景——巨嘴鸟

No.047

在 鸟类家族中，有一种鸟的嘴长得非常大，相当于身体长度的1/3，这种鸟就是巨嘴鸟。巨嘴鸟的羽毛和大嘴都非常漂亮，这些羽毛能帮助它们很好地辨别同类、找到配偶。

栖息与种类

巨嘴鸟约有40个不同的品种，生活在拉丁美洲的阿根廷和墨西哥之间的热带丛林中，特别是巴西的亚马孙河一带，分布更为集中。

▲ 巨嘴鸟类最显著的特征便是它们巨大而绚丽的喙。

● 巨嘴鸟的喙实际上很轻，远没有看上去那样重，外面是一层薄薄的角质鞘，里面中空，有不少细的骨质支撑杆交错排列着。

美丽的风景

有一种巨嘴鸟喙尖呈殷红色，大嘴的上半部分为黄色，下半部分则是蔚蓝色，再配上橙黄的胸脯、漆黑的背部以及眼睛周围的天蓝色羽毛形成的圆圈，构成了丛林中一道独特、美丽的风景。

杂技表演

巨嘴鸟吃东西时总是先用嘴尖把食物啄住，然后仰起脖子，把食物向上抛起，再张开大嘴，准确地将食物接入喉咙里。它们这样进食，其实是为了缩短吞食的过程，因为它的大嘴实在是太长了。

▲ 巨嘴鸟的舌很长，喙缘呈明显的锯齿状。

憨态可掬

巨嘴鸟在树上活动时，往往是跳跃着前进的，就像在地上觅食的麻雀；而当它到了地上，为了保持行进中的平衡，只有把两只脚分得很开，像个大胖子在跳远，又笨拙又可爱。

◀ 巨嘴鸟喜欢栖息于高处的树干和树枝上，雨天它们会在树洞里用积水洗澡，还会用长长的喙轻轻地给对方梳理羽毛。

独特的睡眠

睡觉时，巨嘴鸟的大嘴对它来说是个累赘。它不得不把头转过去，再把它的大嘴放到背上。至于它的尾巴，则卷向前方置于腹下，俨然一个羽毛状的球。

 note 知识小笔记

🐾 动物小档案

类　属：鸟纲、裂形目、巨嘴鸟科
身　长：36～79 厘米
体　重：115～860 克
食　物：果实、昆虫、蜥蜴
分布地区：委内瑞拉、巴西、阿根廷西北部

Toucan

Aves

鸟类

田园卫士——戴胜

田园卫士——戴胜

No.048

全 世界大部分地区都有戴胜的踪影，它们常常单独在空旷的原野及庄稼地里出现。戴胜有一个细长的尖喙，可以钻入土中把害虫一只只掏出来，因此被人们誉为"田园卫士"。

↑ 有敌情时戴胜的冠羽立起，起飞后会松懈下来。

全身都是宝

戴胜最突出的特点是头顶上鲜艳的羽冠，羽冠张开时就好似一把打开的折扇。戴胜体色灰黄，并带有黑白相间的斑纹，这样的羽毛可以使它和周围环境融成一体，起到很好的保护作用。

多功能头羽

戴胜的头羽有警示、展现、示威等功能。在受到惊吓时，戴胜的头羽会展开，看上去非常漂亮，其实是一种害怕的反应。在与其他同类、异类发生争斗时戴胜的头羽也会开屏，以此向来犯者示威。

▷ 具长长而尖的耸立型粉棕色丝状冠羽

"沙浴"除虫

戴胜的"沙浴"一般在中午或傍晚进行，它们通常会选择在沙地或火烧后有草木灰的地方进行"沙浴"，用这种方式可以除去它们身上的寄生虫。

▲戴胜大多单独或成对活动，很少见到聚集成群的戴胜。

▲戴胜鸟美丽勤劳、尽职尽责地照顾自己的后代。

菜园中的除害专家

戴胜可以用细长的嘴巴啄食金针虫、蝼蛄等地下害虫。这些用农药也难以消灭的害虫，戴胜却能把它们消灭得一干二净。

活泼的绿林戴胜

绿林戴胜长着一条长长的带状尾，天性活泼，喜爱热闹。同伴之间常会相互炫耀，有些还会"表演"快速而夸张的鞠躬动作。它们还有着"乐于助人"的热心肠，如果哪位母亲出门觅食，其他戴胜就会主动帮它照顾幼鸟。

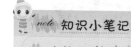

知识小笔记

动物小档案

类　属：鸟纲、佛法僧目、戴胜科
身　长：约 30 厘米
体　重：60 ~ 80 克
食　物：蝗虫、小蜥蜴
分布地区：欧亚大陆、非洲、马达加斯加岛及东南亚地区

Hoopoe

Aves

会说话的鸟——鹦鹉

No.049

鹦鹉长着色彩绚丽的羽毛，在阳光照耀下会发出美丽的光泽。飞翔时，宛如一道缤纷的彩虹。鹦鹉是一种非常聪明的鸟，善于模仿人类的语言，很早以前人们就开始饲养鹦鹉，它为人们带来了很多快乐。

● 鹦鹉大多色彩绚丽，叫声高亢。

由来已久

早在 2 000 年前的罗马帝国时代，鹦鹉就已经成为权贵的象征，甚至可以用来交换奴隶。15 世纪初，欧洲的王公贵族也开始流行饲养鹦鹉。

● 鹦鹉种类繁多，形态各异，羽色艳丽。

家族档案

鹦鹉分布于美洲、澳大利亚和我国南部等地的热带丛林中。鹦鹉家族成员众多，其中非常出名的有虎皮鹦鹉、彩凤、小鹦鹉、阿苏儿、五色小鹦鹉等。

"鹦鹉学舌"

鸟类学家一直将鹦鹉鸣叫和模仿人发声的能力归结为它们的鸣管。一些研究人员近来发现，在发音过程中它的舌头也在起作用。所以，"鹦鹉学舌"真的没有说错，因为鹦鹉也能够像人类一样运用舌头来"塑造"声音。

➤鹦鹉通常和配偶或家族过着群体生活，在树枝上筑巢或者以树洞为巢。

谁更美丽

大多数脊椎动物雄性比雌性美丽，但鹦鹉正相反，雌性鹦鹉的羽色比雄性鹦鹉丰富、鲜艳。雌性的颜色通常是明亮的红色，而雄性则是绿色。

➤鹦鹉因会模仿人类说话而深得人们喜爱。事实上，它们的"口技"在鸟类中的确是十分超群的，但这只是一种条件反射、机械模仿而已。

非洲灰鹦鹉

非洲灰鹦鹉属较大型的鹦鹉。全身羽毛呈灰色，尾巴为鲜红色，外观朴实憨厚。非洲灰鹦鹉具有高超的语言能力，是所有鹦鹉中最聪明，也最会学人说话的一种鸟类。

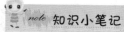

note **知识小笔记**

🐾 **动物小档案**

类　属：鸟纲、鹦形目、鹦鹉科
身　长：60～100 厘米
体　重：400～600 克
食　物：树叶、蝗虫
分布地区：美洲、澳大利亚及我国南部地区

Parrot

Aves

海陆空三栖鸟类——海鹦

海鹦又叫做角嘴海雀、海鹦鹉，是一种很有特色的鸟类。海鹦的羽毛为黑色和白色，腿呈现出浅浅的橘色，雄海鹦的喙会随着季节的不同改变颜色。海鹦喜欢热闹，总是成千上万地聚集在一起。

特殊的"化妆品"

海鹦的尾部有一个分泌油脂的腺体，它们会把这些油脂涂满羽毛。这层油脂一方面可以减少海鹦在飞行时散失的热量，另一方面可以使海鹦在水中穿梭自如。

● 海鹦的大嘴巴呈三角形，带有一条深沟。背部的羽毛呈黑色，腹部呈白色，脚呈橘红色，面部颜色鲜艳，看起来非常美丽可爱。

海鹦的喙

海鹦以鱼类为食，喙是它捕鱼的工具，海鹦的口中能排列 60 多条鱼呢！同时，海鹦的喙还是它吸引雌性的标志。每年的繁殖季节，雄海鹦的喙就由原来的灰白色变成绚烂的彩色，以此来取悦雌海鹦。

梨形的蛋

海鹦将蛋产在陡峭的石壁上，虽然没有巢穴的保护，但是这些蛋并不会被海风吹走。原来，海鹦的蛋是梨形的，就像一只不倒翁，这是它为了适应环境而演变出来的本领。

知识小笔记

动物小档案

类 属	鸟纲、鸽形目、海雀科
身 长	约30厘米
体 重	400～800克
食 物	小鱼
分布地区	挪威北部

◁ 海鹦喜欢群居，把巢穴筑在沿海岛屿的悬崖峭壁上的石缝中或洞穴里。它们的巢穴主要用作休息、睡觉和储藏食物。

留住美丽

海鹦的天敌是海鸥、鲨鱼、虎鲸等，人类有时也捕猎海鹦，因为它们有一身漂亮的羽毛。海鹦曾经濒临灭绝，由于各国政府的保护，我们才能看见它们又翱翔在蓝天上。

● 海鹦靠捕食海洋鱼类为生，生存本领极强。

海鹦的绝活

海鹦在飞行时翅膀每分钟可扇动300～400次，飞行速度可达每小时40千米。在水中海鹦的翅膀简直就像个发动机，游起来比一般的鱼还快，海鹦还可以潜入水下24米去捕鱼。

Puffin

Aves

鸟类

极地精灵——雪雁

极地精灵——雪雁

No.051

雪雁是为数很少的食草鸟类，它们全身的羽毛雪白，喙和足是朱红色的，与它们生存的环境结合在一起，显得那么自然、协调。它们双翅宽大，脚上有蹼，是游水和飞行的高手。

雪雁的虹膜呈褐色，嘴呈粉色。

认真负责的雪雁妈妈

每年6月下旬，小雪雁纷纷破壳而出。由于小雁此时还不能飞行，母雪雁便带领子女们迁移到河流、小溪边，寻找一个隐蔽的场所来躲避天敌的捕杀。此后，小雪雁在母亲的照顾下逐渐羽翼丰满。8月份它们就开始学习飞行、觅食的技巧，9月份，它们就可以独立飞行了。

雪雁的喙

雪雁主要以植物为食，是天生的素食者。雪雁的喙宽短有力，边缘还有齿状的刻纹。这样的喙既可以方便地咬断青草，又可以过滤水中的小虫。

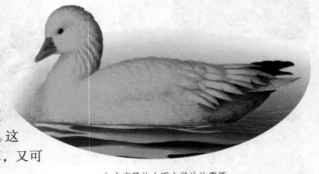

在宁静的水面上游泳的雪雁

雪雁的征程

春天到来了，雪雁从越冬地向北极进发，它们在旅途中已寻好了配偶。6月初，到达北极后，雪雁就马不停蹄地开始筑巢、产卵。9月初，所有的雪雁又要起身到南方越冬了。

● 雪雁成群结队地飞往南方越冬

如此精确

雪雁迁徙的路途如同飞机航线一样精确。年复一年，它们都沿同一条路线飞行，从不改变。

◀ 雪雁换羽时，羽毛一次性全部脱落，在这个时期内完全丧失飞翔能力。

换羽危机

对于鸟类来说，换羽是生命中一次重要的过程。大多数鸟类的换羽是逐渐更替的，使换羽过程不致影响飞行能力。但雪雁的换羽则为一次性全部脱落，在这个时期内完全丧失了飞翔能力，所以雪雁必须隐蔽于湖泊草丛之中，以防被敌人发现。

知识小笔记

动物小档案

类　属：鸟纲、雁鸭目、鸭科
身　长：约80厘米
体　重：约600克
食　物：草、树叶
分布地区：夏季在北美洲的北极地区，9月迁至墨西哥附近过冬

Snow Goose

Aves

长距离飞行冠军——燕鸥

燕 鸥也是一种体态优美的鸟类，其长喙和双脚都是鲜红的颜色，就像是用红玉雕刻出来的。燕鸥是生命力非常顽强的鸟类，每年都要在南极和北极之间飞行数万千米。为了防范外敌入侵，它们经常成千上万只聚在一起。

顽强的生命力

1970 年，有人捉到了一只腿上套环的燕鸥，结果发现，那个环是 1936 年套上去的。屈指算来，这只北极燕鸥至少已经活了 34 年。它在一生当中至少已经飞行了 150 多万千米。

◀ 燕鸥是鸥科中体型较小的类群。嘴形细长，飞行时嘴端向下，脚短而细，尾较长。

巧妙的伪装

燕鸥常在沙地里筑巢，它们的蛋上有和周围沙粒非常相似的斑纹，可以很容易地隐藏在沙地上。

不畏艰险追求光明

燕鸥每年在北极和南极之间往返一次，行程数万千米。它们总是在两极的夏天中度日，而两极的夏天太阳总是不落的，所以，它们是地球上唯一一种永远生活在光明中的生物。

↑ 燕鸥喜欢群居，常成群在岛屿的地面上筑巢，数目最多时可达数百万只。

跳水皇后

燕鸥和普通的鸥类相比，体型稍小，喙尖，尾翼呈叉形，翅膀也更尖细。燕鸥常常身姿优雅地在海面上空盘旋，发现鱼后骤然俯冲入水中捕食。

↑ 燕鸥主要靠从空中潜入水中捕甲壳动物和小鱼为食

团结就是力量

北极燕鸥争强好斗，勇猛无比。虽然它们内部经常争吵不休，甚至大打出手，但一遇外敌入侵，立刻尽释前嫌，一致对外。为了集体防御，它们经常成千上万只聚在一起。别说其他小动物，就连最为强大的北极熊也让它们三分。

note 知识小笔记

动物小档案

类 属：鸟纲、鸥形目、鸥科
身 长：20 ~ 55 厘米
体 重：130 ~ 170 克
食 物：小鱼、螃蟹
分布地区：广泛分布于世界各地

Antarctic Tern

Aves

南极的主人——企鹅

No.053

企鹅背部的羽毛是黑色的，腹部则呈白色，这使它们看上去很像一个身穿燕尾服的绅士。企鹅是不会飞行的鸟，但它们已完全适应了水中生活。它们喜欢群居，非常团结。

生存意志

南极洲冬季最低气温达零下 88.3℃，在这样恶劣的环境中，为了维持体温，小企鹅会躲在妈妈的怀中。等到它们长大了，就能像妈妈一样，忍受零下近百度的酷寒。

当企鹅入群和离群时，常有种种表演和鸣叫。

企鹅是非常忠贞的动物之一

忠贞的夫妻

在岸边生活的阿德莱企鹅的数量多达 100 多万对，它们一旦结为夫妻，彼此便恪守海誓山盟的诺言，相敬如宾。第二年，它们会在前一年相会的地方寻找对方。

谦谦君子

帝企鹅是企鹅家族中体型最大的一种，身高大约有1.2米，相当于一个八九岁儿童的身高。帝企鹅很有"绅士风度"，它们常常轮流做企鹅群的领袖，以防止贼鸥偷袭幼企鹅及企鹅蛋为职责。

● 企鹅妈妈特别会照顾宝宝

↑ 企鹅在冰雪上行动灵活，还可以用腹部贴着地滑行，用足和前肢作为推进器。

南极最早的定居者

动物学家考证企鹅的"家史"，证明企鹅原来是最古老的一种游禽。企鹅很可能在南极洲未穿上冰甲之前，就已经来这儿定居了。

伟大的父亲

雌企鹅将卵产下后，就去海中觅食，雄企鹅独自承担孵卵的任务。在2个月的孵化期内，企鹅爸爸不吃也不动，如果移动卵就会掉落，酷寒会使蛋中的胚胎马上冻死。如果雌企鹅没有及时回来给幼鸟喂食，雄企鹅会吐出自己胃中的液体，代替食物给幼鸟吃。

note 知识小笔记

🐾动物小档案

类　属：鸟纲、企鹅目、企鹅科
身　长：约1米
体　重：约30千克
食　物：鱼、虾
分布地区：南极大陆、南非、南美洲西部都有分布

Penguin

Aves

滑翔冠军——信天翁

No.054

信天翁是南极地区最大的飞鸟。它们身披着洁白的羽毛，尾端和翼尖带有黑色斑纹，躯体呈流线型，非常适合飞行。信天翁擅长长距离飞行，还能凭借气流作用十分自在地滑翔。

↑信天翁具有较长的翅膀，飞行速度快，而且能长距离飞行，常常翱翔于茫茫的大海上空。

"风之子"

信天翁可以称作"风之子"，它不喜欢阳光明媚、和风日丽，只有风才是它的最爱，因为信天翁全靠风的力量飞行，没有风它甚至不能起飞。

擅长飞翔和滑翔

信天翁号称"飞翔冠军"，它们习惯于长距离飞行，可以连飞数日，毫不倦怠。信天翁还是空中滑翔的能手，它可以连续几小时不扇动翅膀，仅凭借气流的作用，十分自在地滑翔。

🐾防身绝技

信天翁虽然在陆地上活动不便，但它们有防身的绝技。当天敌迫近时，它们大都能分泌有强烈麝香气味的胃油，在天敌被胃油的气味熏退时，它们趁机逃之夭夭。

▼ 鱼、乌贼、甲壳类动物是信天翁最主要的食物，它们经常在海面上猎捕这些食物。

🐾偏爱"独生子女"

雌信天翁一年只产 1 枚蛋，由雌、雄鸟共同孵蛋。可能是因为信天翁每年只繁殖 1 个后代，所以"父母"对"子女"极端宠爱。

🐾保卫家园

信天翁看上去很驯服，但当它们的家园受到威胁时，它们会表现出英勇抗敌、宁死不屈的精神。曾经有海盗开枪射杀信天翁，一批信天翁中弹而亡，但更多的信天翁又冲了上来，连附近岛屿上的信天翁都赶来增援，最后，海盗们不得不弃岛而逃。

note 知识小笔记

动物小档案

类 属：鸟纲、鹱形目、信天翁科
身 长：130 ~ 350 厘米
食 物：虾、小鱼
分布地区：环绕南极洲的海洋和岛屿、南半球大陆海岸

Albatross

Aves

吃不了兜着走——白鹈鹕

No.055

白鹈鹕体型粗短肥胖,颈部细长。它最突出的特征就是大嘴下有一个橙黄色的皮囊,叫做袋囊,主要是用来储存食物的。它们常成群地生活、栖息于湖泊、江河、沿海和沼泽地带,以各种鱼类为食。

鹈鹕的种类

鹈鹕可分为褐色鹈鹕、白色鹈鹕、美洲鹈鹕、澳洲鹈鹕等不同种类。其中,澳大利亚白鹈鹕是喙最长的鸟,长度可达 34 ~ 47 厘米。

体型粗短肥胖,颈部细长。

独特的袋囊

白鹈鹕的袋囊主要是用来盛放食物的, 袋囊的容量很大, 能装下足够它吃 1 星期的食物。袋囊还具有 "狗舌头" 的功能, 可用来抖动生风而降低体温。

● *嘴下有一个橙黄色的皮囊*

生产前的准备

繁殖期内鹈鹕的羽毛会由白变为淡红色，它们用芦苇筑巢。雌鹈鹕将白色带青的细长卵产于其中。大约 42 天后，小鹈鹕就出生了，3 个月后，它们就可以独立生活了。

↑ 白鹈鹕主要栖息于湖泊、江河、沿海和沼泽地带，常成群生活，善于飞行和游泳，在地面上也能很好地行走。

未雨绸缪

人们经常会在鹈鹕巢穴的附近见到一些臭鱼烂虾，原来这些是鹈鹕为防止在暴风雨天气不能下海捕鱼而储备的。

尽责任的父母

在孵化小鹈鹕的过程中，雌鸟非常辛苦。它们美丽的羽毛逐渐失去光泽，多数雌鸟的胸部都会有一块褪毛后留下的皮肤。白鹈鹕父母共同负责小鹈鹕的安全和成长，当一个外出捕食时，另一个就留下来看护小鹈鹕，直到小鹈鹕长大为止。

note 知识小笔记

🐾 动物小档案 🐾

类　　属：鸟纲、鹈形目、鹈鹕科
身　　长：140 ~ 175 厘米
体　　重：约 13 千克
食　　物：鱼、蚂蚁
分布地区：中南美洲、欧洲

White Pelican

Aves

点缀森林的精灵——吸蜜鸟

吸 蜜鸟种类繁多,形态多样,但都属于中小型鸟,主要生活在森林里。吸蜜鸟全身羽毛色彩华丽,而且它们的尾形也非常漂亮,展开翅膀飞翔时,就像一道美丽的风景,点缀着大森林。

生活地点

吸蜜鸟大约有 180 多种,主要分布于新几内亚和澳大利亚等地。在印度尼西亚、新西兰和夏威夷的太平洋诸岛也有分布。

● 吸蜜鸟成对或成小群活动,以花蜜、昆虫和果类为食。

喜欢吃花蜜

吸蜜鸟如同其名,喜欢吃花蜜。它们喙的前端有锯齿物,舌的结构也很特殊,能从嘴里伸出来,其前端呈刷毛状,非常适合吸食花蜜。

🐾 漂亮的羽毛

因为吸蜜鸟的羽毛非常漂亮，夏威夷群岛一些部落的酋长常用它来做斗篷。卡美哈美王一世的长袍绝世仅有，是由黄色的马莫吸蜜鸟和少数红色的镰嘴吸蜜鸟的羽毛制成的。

↑ 漂亮的吸蜜鸟

↑ 一只漂亮的吸蜜鸟正在吸食花蜜，它的身体很轻盈，可以灵巧地站在树枝上。

🐾 凶猛的黑头矿鸟

吸蜜鸟中有一种叫黑头矿鸟，是澳大利亚东部最常见的鸟类之一。它们生性凶猛，敢于攻击比自己大很多的鸟类，甚至常在街头攻击人类。

🐾 安全幸福的家

澳大利亚的吸蜜鸟在筑巢时，会捉来很多漂亮的毛毛虫，在每个毛毛虫的头上啄一下，这样它们就丧失了活动能力，然后把它们沿着鸟巢的边围成一圈，漂亮的家就建成了。当其他小动物把头伸进鸟巢时，就会被毛毛虫的绒毛刺到。这个家真是又漂亮又安全！

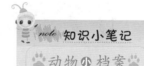

note 知识小笔记

🐾 动物小档案 🐾

类　属：鸟纲、雀形目、吸蜜鸟科

身　长：10 ~ 35 厘米

食　物：花蜜、昆虫、浆果

分布地区：澳大利亚及太平洋诸岛

Honeyeater

Aves

雀中猛禽——伯劳

鸟
类

雀
中
猛
禽
——
伯
劳

伯 劳的个体很小，却生性凶猛，能捕食小鸟以及一些小型哺乳动物。它们常常立在枝头张望四周，一旦发现猎物，便疾飞直下捕捉。伯劳的喙尖端具有利钩，捕到猎物后可以立即将它撕裂。

🐾 多彩的家族

世界上共有 23 种伯劳，广泛分布在非洲、欧洲、亚洲及美洲。根据它们的羽色，可以分为棕背伯劳、红脊伯劳、黑尾伯劳、白尾伯劳等。

🐾 轮流看护宝宝

雌伯劳产卵前会和雄伯劳一起用蒿草搭成它们的家。从产卵到小伯劳出世这段时间，捕食的工作完全由雄鸟来完成。

小伯劳出世后，雌鸟会出去捕食，由雄鸟继续看护宝宝。这样一段时间后，雌、雄鸟再轮流进行捕食、看护工作。

↖ 伯劳站在树枝的高处，以敏锐的眼光寻找猎物。

吃得好精细

伯劳有个奇特的习惯，它们在猎获小动物之后，会将猎物插在树枝的尖刺上，撕取其最柔软可口的部分，其余的就扔下不管了。所以在伯劳出没的地方，常会看到许多昆虫、蜥蜴和青蛙的干尸。

▶伯劳的羽毛呈灰色或灰褐色，常有黑色或白色斑纹，鸣声很刺耳。

凶残的小个子

从体型上看起来，伯劳应该算是较小的鸟类。但从性情上讲，它们又属于较为凶猛的种类。它们吃各种昆虫、小鸟以及松鼠等一些小型哺乳动物。

▶伯劳的嘴很尖利，上嘴前端具有刺钩，能啄死大型的昆虫、蜥蜴、小鸟，并将捕获的饵物穿挂在荆刺上。

出色的口技

伯劳会模仿很多声音，如其他小鸟的叫声，汽车喇叭声等。伯劳是个诡计多端的家伙，它常常依靠模仿其他鸟类的叫声，引诱猎物上钩将其捕获。

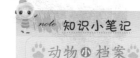

note 知识小笔记

动物小档案

类　属：鸟纲、雀形目、伯劳科
身　长：16～22 厘米
食　物：昆虫、小鸟
分布地区：非洲南部、亚洲中部、欧洲及北美洲

Shrike

Aves

鸟类

空中霸王——金雕

空中霸王——金雕

No.058

金雕的头部和颈部披着古铜色的羽毛,身体及翅膀的羽毛是深棕色的,巨大的翅膀使它可以有力地飞行,即使在暴风雨中也飞行自如。金雕抓起猎物来十分凶猛,号称"空中霸王"。

凶狠而狡猾

金雕有钩子一样的嘴和锋利的爪子,能像刀子一样刺进猎物的身体,很多动物都很怕它。它常常在高空中悠闲地飞行,然而会突然以极快的速度向下俯冲,伸出双脚捕获猎物,这时候猎物一般都在劫难逃。

● 金黄色的矛尖状颈羽

● 金雕的爪子具有锋利的刺钩,可以牢牢地抓住树枝。

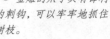

狼的天敌

金雕可以在草原上长距离地追逐狼,等狼疲惫不堪时,一爪抓住其脖颈,一爪抓住其眼睛,使狼丧失反抗的能力。

分批行动

金雕的运载能力较差，只能负载不到 1 千克的猎物。在捕到较大的猎物时，就在地面上将其肢解，先吃掉好肉和心、肝、肺等内脏部分，然后再将剩下的分批带回"家"。

金雕多栖息于高山草原和针叶林地区，平原少见。生性凶猛，飞行速度极快，常在高空盘旋飞行。

高空望远镜

金雕的视力极好，能从高空 500 米处发现地面上的猎物。它有一双比人类大得多的瞳孔，视网膜也比人类的视网膜厚 2 倍。有这么一副"高空望远镜"，觅食就变得很容易了。

当巢中食物不足时，先孵出的个体较大的金雕幼鸟常常会在后孵出来的个体较小的幼鸟身上啄击。

舒适的家

金雕喜欢把自己的"卧室"建在高树或悬崖峭壁上，巢由树枝堆积而成，里面铺垫着细小的树枝或松软的草，居住起来很舒适。同时，它们还会修建两三个新巢作为"储藏室"。在准备生儿育女时，它们还会选择其中的一个作为"育婴室"。

知识小笔记

动物小档案

类　属：鸟纲、隼形目、鹰科
身　长：76 ~ 102 厘米
体　重：2 ~ 6.5 千克
食　物：野兔、松鼠
分布地区：北半球、欧亚大陆、喜马拉雅山及中国大陆

Golden eagle

Aves

海上大盗——军舰鸟

No.059

军舰鸟是一种生活于热带地区的海鸟,雄军舰鸟最突出的特征就是它气球一样的喉囊。军舰鸟擅长飞行,时而在轻风中翱翔,时而疾速俯冲,时而又轻盈地盘旋上升。它们还会利用海面上上升的热气流,在空中展翅滑行数小时。

有利的武器

军舰鸟的喙长而带钩,这是它最有效的捕食工具。它不但会掳夺其他海鸟的战利品,还会拦截跃出水面的鱼类。

● 军舰鸟全身羽毛呈黑色,泛着蓝色和绿色光泽,喉囊、脚趾为鲜红色。雌军舰鸟下颈、胸部为白色,羽毛缺少光泽。

欺负"老实人"

军舰鸟经常利用自身的"威慑力量"来恐吓其他海鸟。最受军舰鸟欺负的要算鲣鸟了,军舰鸟常常用大嘴叼住鲣鸟的尾部,鲣鸟疼痛难忍,不得不张嘴吐出口中的鱼。这时,军舰鸟才会松开嘴,然后去"截击"鲣鸟吐出的食物。

🦅海上强盗

军舰鸟有"海上强盗"的恶名。当其他海鸟为幼鸟捕食归来时，军舰鸟就从它们那里抢走食物。它甚至会精确地把握时机，在别的鸟类把食物喂给幼鸟的一刹那，俯冲下去抢走食物。

▲ 军舰鸟胸肌发达，善于飞翔。凭着高超的飞行技能，军舰鸟常常拦路抢劫其他海鸟的捕获物。

▲ 雄军舰鸟繁殖期间，它的喉囊会变成鲜艳的绯红色，并且膨胀起来，非常醒目。

🦅炫耀美丽

每到繁殖季节，雄军舰鸟的喉囊会变成鲜艳的红色，并且膨胀起来，犹如一只喜庆的"红气球"。它在雌鸟头上飞来飞去，吸引雌鸟的注意。雌鸟会被雄鸟的热情折服，双双飞上枝头，开始新的生活。当雌鸟产下一枚蛋后，雄鸟的喉囊才慢慢瘪下去，颜色也变回暗红色。

🦅爱干净的鸟

军舰鸟很讲卫生，每次吃完东西，都会降落在海面上清洗一下自己的身体。

🐝 note 知识小笔记

🐾动物小档案

类　属：鸟纲、鹈形目、军舰鸟科
身　长：约 95 厘米
体　重：约 2 千克
食　物：鱼、海龟
分布地区：全球的热带、亚热带海洋均有分布

Great Frigatebird

Aves

鸟
类

鸟
中
之
王
——
孔
雀

鸟中之王——孔雀

No.060

孔　雀是一种华丽吉祥的鸟,被人们赋予富贵和幸福的含义。孔雀生活在热带的落叶林中, 主要以植物的种子、浆果和茎叶为食,偶尔也吃昆虫和鼠类等小动物。雌雄孔雀之间最大的差别是,雄孔雀长有多彩的尾屏,雌孔雀没有。

▶吉祥的象征

孔雀是美丽、善良、吉祥的象征,我国云南的傣族人非常崇拜和喜爱这种动物。它举止高雅, 姿态优美,人们模仿其动作编成"孔雀舞"。

● *孔雀作为观赏鸟类,是世界上许多动物园的主要展出动物。*

▶美丽的绿孔雀

雄性绿孔雀全身呈翠绿色,并有紫铜色反光。头顶有一簇直立的冠羽,尾上复羽发达, 长约1 米,每支复羽端部都有一个蓝色和翠绿色相嵌的眼状斑。当它展翅开屏时,极为华丽。

孔雀的品种

世界上共有 3 种孔雀：绿孔雀、蓝孔雀和刚果孔雀。蓝孔雀被人类饲养的时间最长，所以我们在动物园见到的大都是蓝孔雀。刚果孔雀极为罕见，生活在非洲较偏僻的密林中。

● 孔雀喜欢成双或小群居住在热带或亚热带的丛林中

note 知识小笔记

动物小档案

类　属：鸟纲、鹑鸡目、雉科
身　长：1.1 ～ 1.4 米
体　重：3 ～ 8 千克
食　物：树叶、果实、昆虫
分布地区：亚洲南部的热带森林以及非洲较偏僻的密林

家庭新成员

雌孔雀每次可以产 8 ～ 20 枚卵，经过 27 ～ 30 天的孵化，小孔雀便出壳了。刚出生的小孔雀羽毛还没有父母那么漂亮，头呈绿色的就是雄孔雀，头呈灰白色的就是雌孔雀。

每到繁殖季节，雄孔雀就展开它那五彩缤纷、色泽艳丽的尾屏，还不停地做出各种各样优美的舞蹈动作，向雌孔雀炫耀自己的美丽，以此吸引雌孔雀。

孔雀为什么会开屏

在求偶的时候，雄孔雀为了吸引雌孔雀，会将尾屏展开成一个对称的扇形，并震动翅膀，在雌孔雀面前表演。如果得到雌孔雀的喜爱，它们便会一起飞走，开始一段新的生活。

鸟中的芭蕾明星——红鹤

红 鹤又叫火烈鸟或火鹤。它的身体非常纤细，周身呈粉红色，整体形象显得高雅而端庄。红鹤生活在海边或广阔的浅湖边，通常由数万只组成一个大群体，集体观念非常强。

红鹤在水中觅食时，用喙的前端吸入水和泥巴，然后从侧边排出。

▶优雅的外形

红鹤的身体纤细，长着一双又细又长的腿，就像是天生的舞蹈演员。无论是亭亭玉立，还是徐徐踱步，总给人以文静、轻盈的感觉。

▶独特的喙

红鹤的喙弯曲向下，就像一把镰刀。喙边缘有许多硬毛和细毛，它进食时，喙微微张开，当水流经喙中的细毛时，小动物就被滤下了。

幸福的小红鹤

红鹤群中，所有的母亲几乎同时生育。那时，所有的红鹤会共同保护小红鹤。小红鹤出壳后，红鹤妈妈从嘴里分泌出一种特殊液体来喂养它。这些液体很像哺乳动物的乳汁，但颜色却是灰红色的。小红鹤的羽毛一干马上就能下地行走，第二天即可下水嬉戏。

● 红鹤妈妈在喂养小红鹤

不甘人后

一群红鹤中只要有一只飞上天空，就会引起连锁效应。不久，群鹤就会一只接一只地相继飞上天空，形成一片火红的海洋，场面非常壮观。

起飞时，红鹤需要助跑几步才能飞行。飞行时，红鹤长长的脖子往前延伸，长长的双脚则拖在其后。

会变色的羽毛

火烈鸟并非天生是粉红色的，它们出生的时候是白色的。它们的食物中含有一种叫做类胡萝卜素的物质，可以使它们的身体呈粉红色，如果火烈鸟无法吃到含有类胡萝卜素的食物，体色就会消失。

note 知识小笔记

动物小档案

类　属：鸟纲、红鹤目、红鹤科
身　长：1～1.6米
体　重：约5千克
食　物：虾、昆虫
分布地区：非洲、南美洲、欧洲西南部及亚洲的印度半岛

Flamingo

Aves

鸟

类

美丽纯洁的化身——大天鹅

美丽纯洁的化身——大天鹅

No.062

古往今来，天鹅一直是纯真与善良的化身。天鹅栖息于多苇草的大型湖泊、池塘和沼泽地带。它们体态优雅，全身羽毛纯白，颈部修长而弯曲，无论是在水里游泳，还是在天空飞翔，都是最美的风景。

周到的双亲

在夏季，天鹅会脱掉一部分羽毛换上轻巧的夏装。这期间天鹅是不能飞的。天鹅夫妇不会同时换羽，这保证了它们的孩子能得到不间断的照料。

● 天鹅栖息于开阔的、水生植物繁茂的浅水水域，喜欢成群地生活在一起。

爽身油脂

天鹅的皮肤能分泌油脂，可以使它的羽毛在水面上保持干爽，所以天鹅在水里可以舒服自在地游泳。

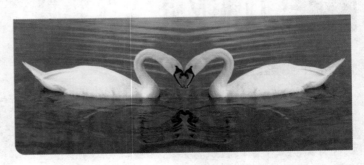

▶振翅高飞

大天鹅是世界上飞得最高的鸟类之一，在迁徙途中需要飞越世界屋脊——珠穆朗玛峰，因此飞行的高度超过 9 000 米以上。它们在天空中时而翱翔盘旋，时而如离弦之箭，俯冲到水面。有时候一群大天鹅聚集在一起引吭高歌，声音宏亮，在湖面上久久回荡。

↑ 振翅高飞的大天鹅

↑ 天鹅保持着动物界稀有的"终生伴侣制"，常常比翼双飞，过着神仙眷侣般的日子。

▶胃口真好

天鹅以水生植物为食，也吃一些昆虫和软体动物。因为天鹅的颈很长，喙很坚硬，所以能将水草连根拔起并咽下。一只成年大天鹅一天要吃下9千克的食物。

▶忠贞的"爱情"

一对天鹅夫妇一生厮守，不会中途变换配偶。当一只天鹅不幸死去时，剩下的一只会伤心欲绝地徘徊在死去的伴侣周围，哀号不已，久久不舍离开。从此，终生单独生活。

note 知识小笔记

🐾 **动物小档案** 🐾

类 属：鸟纲、雁形目、鸭科
身 长：约1.5米
体 重：约10千克
食 物：水草、昆虫、蜗牛
分布地区：欧亚大陆的寒带地区

Whooper swan

Aves

鸟

类

美
国
的
国
鸟
——
白
头
海
雕

美国的国鸟——白头海雕

No.063

白 头海雕是美国的国鸟,它的形象还出现在美国的国徽上。白头海雕生活在美洲的西北海岸线,它们非常凶猛,经常在半空中向一些较小的鸟发起攻击,夺取它们的食物。

高处瞭望

白头海雕常常把高高的悬崖顶和大树顶端作为寻找猎物的瞭望塔。瞭望塔使白头海雕的视野极为开阔,如同一个望远镜,很利于它们捕获猎物。

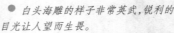

● *白头海雕的样子非常英武,锐利的目光让人望而生畏。*

"兄弟"相残

雌性白头海雕一次通常会产下 2 枚卵,并孵化约 35 天。有时 2 只小雕都能够存活,但大多数情况下,体型较大的"幼鸟"会将较弱的"幼鸟"杀掉。

候选波折

富兰克林等人曾希望将火鸡的形象印在美国的国徽上，原因是他们认为白头海雕偷食其他鸟类的食物，对人类没有一点益处。但最终白头海雕还是当选为美国国鸟。

● 白头海雕有一副轻薄而中空的骨架，非常利于飞行。

准备繁殖配对的白头海雕会紧守着自己的地盘，它们很少和其他白头海雕接触。

间接危害

有一段时间美国的白头海雕数量急剧下降，后来发现导致白头海雕数量下降的罪魁祸首是杀虫剂。经过美国政府几年的努力，白头海雕的数量逐渐恢复，并且重现往日繁荣的景象。

双双起舞

每年春天，成双成对的白头海雕在空中跳着"8"字舞，有时它们互相抓住彼此的脚，或者在空中像车轮一样滚落下来，这并不是在打架，而是在向对方表示好感。

note 知识小笔记

🐾 动物小档案 🐾

类　属：鸟纲、隼形目、鹰科
身　长：71 ~ 96 厘米
体　重：3 ~ 6 千克
食　物：昆虫、鸟、蛇
分布地区：北美洲西北海岸及内陆湖泊

Bald eagle

Aves

布谷鸟——杜鹃

No.064

杜鹃又叫布谷鸟，大多生活在山区或荆棘丛生的矮树林里。它羽色灰黑，宽阔的尾羽上有白色斑点，显得玲珑而乖巧。杜鹃称得上是"除虫专家"，在消灭虫害方面，很少有鸟类能比得上它。

🐾春天的使者

每年春天，杜鹃就会飞来飞去地大叫"布谷、布谷"，仿佛是在提醒农夫及时播种一样，因此农夫亲切地称它为"布谷鸟"。

● 杜鹃栖息于植被稠密的地方，常闻其声而不见其形。

🐾不负责任的"妈妈"

杜鹃懒于造巢，更懒得哺育自己的孩子。在其他鸟类筑巢产卵时，雌杜鹃就会寻找一个合适的机会偷偷潜入那些鸟的巢中，把自己的卵产在里面，由别的鸟类将自己的"孩子"孵化出来。

杜鹃幼雏会将同巢的其他鸟类的幼雏推出巢外

争宠的小坏蛋

刚孵出来的杜鹃幼鸟就遗传了父母的"恶习"，尽管它们眼睛都睁不开，却已经会用背部将巢中其他的蛋推出去。这种行为看上去很卑劣，但却非常奏效，它能保证小杜鹃获得雌鸟全部的照料。

产卵匆匆

因为怕在别的鸟巢中产卵时被发现，所以杜鹃产卵的速度很快，只需几秒钟，而别的鸟大都需要1~3分钟。

> note 知识小笔记

动物小档案

类　属：鸟纲、鹃形目、杜鹃科

身　长：约16厘米

食　物：昆虫

分布地区：全球的温带和热带地区

并非每次都能得逞

杜鹃"自私"的做法并不是每次都能得逞。那些长期和杜鹃住在同一地域的鸟类，多次"上当"以后，对杜鹃有很强的警戒心，时刻警惕着杜鹃的到来。因此，有时杜鹃稍不小心，就无法在别的鸟巢中产卵了，而且还会遭到鸟巢中"留守者"的攻击。

杜鹃最为人熟知的特性是孵卵寄生性：产卵于其他鸟的巢中，靠其他鸟类孵化和育雏。

Cuckoo

Aves

带翅膀的电报——鸽子

No.065

鸽 子是我们身边很常见的一种鸟类,它们在白天活动、觅食,晚间归巢栖息。鸽子反应很敏捷,经过训练的信鸽可以准确无误地帮助人们传达信息。在很长一段时间,鸽子一直是人们的"通信兵"。

反应敏捷

鸽子反应机敏,易受惊扰。在日常生活中,鸽子的警觉性很高,对周围的刺激十分敏感,闪光、怪音、移动的物体、异常颜色等都会引起鸽群的骚动。

● 鸽类均体型丰满,喙小,性温顺。

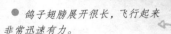

● 鸽子翅膀展开很长,飞行起来非常迅速有力。

和平使者

1950 年 11 月,为纪念社会主义国家在华沙召开的世界和平大会,画家毕加索画了一只昂首展翅的鸽子。智利著名诗人聂鲁达把它称为"和平鸽"。从此,鸽子这个"和平使者"就被各国公认了。

军鸽取药救战友

1979 年对越自卫还击战中,我军一位侦察员突患急症,必须立即赶到后方取药。军鸽员将任务交给 4 只鸽子,军鸽只用了 30 分钟的时间,就取回了必需的药物,使病员得到了及时抢救。

鸽子常栖息在高大的建筑物上或山岩峭壁上,常数十只结群活动。

● 人们利用鸽子有较强的飞行能力和归巢能力等特性,培养出不同品种的信鸽。

"恋家"情怀

鸽子具有强烈的归巢性,任何生疏的地方,对鸽子来说都是不理想的地方,都不安心逗留,时刻都想返回自己的"故乡"。

"通信兵"

鸽子有惊人的导航能力。1978 年,美国科学家发现在鸽子的头部有一块含有丰富磁性物质的组织,它不仅能靠太阳指路,还能根据地球磁场确定飞行方向。据记载,1935 年,有一只鸽子整整飞了 8 天,绕过半个地球,从越南西贡风尘仆仆地飞回法国,全程达 11 265 千米。

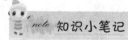
note 知识小笔记

🐾 动物小档案 🐾

类　属:鸟纲、鸽形目、鸠鸽科

身　长:30 ~ 36 厘米

食　物:树叶、果实、粮食

分布地区:除南极以外,世界各地都有分布

Pigeon

Aves

鱼　类

　　地球表面上 70%的地方都是水，所以鱼类有比其他动物大得多的生存空间。从浩瀚的大海到涓涓的溪流，只要有水的地方就有鱼类的存在。在所有动物当中，只有鱼类是用鳃来呼吸的，这是它区别于其他动物的明显特征。

带探路仪的鱼类——鲶鱼

鲶 鱼品种繁多,遍布于世界各地的池塘或河川中。它们有扁平的头和阔大的口，以及数条像猫的胡须一样的长长的触须，触须是鲶鱼觅食和探路的有利武器。鲶鱼喜欢潜游于水底,晚上比白天更为活跃。

● 头扁平，口特别大，口的周围有数条长须,利用此须能辨别出味道。

可怕的杀手

日本中南部浅海区生活着一种鳗鲶，它们通常成群活动。鳗鲶的背鳍和胸鳍中都藏有毒刺，一旦水里游过来这样一群可怕的杀手，别的鱼可就遭殃了。

● 大多鲶鱼身上没有鳞，非常光滑。

光滑的身体

大多鲶鱼都没有鱼鳞，它们的表皮赤裸，或者覆盖着骨质的盾片，体表还有一层滑溜溜的黏液。许多鲶鱼背上有脊骨和胸鳍，脊骨上可能有毒腺，被刺中时会感到疼痛。

鲶鱼家族

鲶鱼的种类约有 2 000 种。有一种生活在多瑙河流域的大型鲶鱼非常凶猛，会袭击小型的水鸟或老鼠；生活于非洲刚果河流域的倒吊鲶会以肚子朝上，甚至以倒翻 180 度的仰泳姿势游泳。

鲶鱼生性好动，有些大型鲶鱼非常凶猛，会袭击小型的水鸟或老鼠。

地震预报员

鲶鱼对声音非常敏感，在地震前会骚动不安，所以一些人根据鲶鱼的活动来预报地震。

● 雄鲶鱼经常小心地保护自己的孩子

慈爱的"父亲"

雄性海鲶鱼会把弹球般大小的卵，还有刚孵出来的小鱼含在口中，宝贝之极。为了孵育下一代，它甚至连进食都舍弃了。这样小心翼翼地保护自己的孩子，不愧为一位慈爱的"父亲"。

note 知识小笔记

动物小档案

类　属	鱼纲、鲶目、鲶科
身　长	40 ～ 80 厘米
体　重	2 ～ 4 千克
食　物	鱼、青蛙
分布地区	世界各地

Catfish

Fish

水中发电机——电鳗

No.067

电鳗的身体细长,呈圆柱形,皮肤是灰褐色的,没有鳞片。电鳗在水里游动时,就像一条蛇,它要不时地浮出水面,吸入空气,进行呼吸。电鳗被称为"水中发电机",可以产生电流麻痹猎物,然后将猎物成功捕获。

蛇行泳姿

电鳗的背鳍、尾鳍已经退化,它是依靠尾部下缘的臀鳍的波动在水中游动的,看上去就像一条蛇在爬行。

电鳗行动迟缓,栖息于缓流的淡水水体中,并不时上浮水面,吞入空气,进行呼吸。

背光电鳗

背光电鳗又叫黑魔鬼、黑鬼鱼,原产于南美洲亚马孙河。因为它的外型很独特,所以有很多人把它作为观赏鱼在家中养殖。

🐟电鳗的发电器 ⟫

电鳗的发电器是由许多电板组成的，位于身体两侧的肌肉内，身体的尾端为正极，头部为负极，电流是从尾部流向头部的。当电鳗的头和尾触到其他动物，或受到刺激时即可发生强大的电流。

▲电鳗是放电能力最强的淡水鱼类

🐟强大的电流 ⟫

电鳗是放电能力最强的淡水鱼类，输出的电压可达 300 ~ 800 伏特，因此电鳗有水中的"高压线"之称。

▲电鳗尾部长有发电器，能发出高达 650 伏特的电流，电流主要用以麻痹鱼类等猎物。

🐟连续放电要休息 ⟫

电鳗连续不断地放电后，需要经过一段时间休息，补充丰富的食物，才能恢复原有的放电功能。南美洲土著居民根据电鳗的这一特点，先将一群牛马赶下河去，使电鳗被激怒而不断放电，等电鳗放完电精疲力尽时，就可以直接捕捉了。

note 知识小笔记

🐾动物小档案🐾

类 属：鱼纲、电鳗目、电鳗科
身 长：约3米
体 重：约20千克
食 物：小鱼、鳞虾
分布地区：南美洲亚马孙河流域

Electric eel

Fish

河塘中的大滑头——泥鳅

No.068

泥 鳅生活在泥塘或河川里，有潜入泥中寻找食物的习性。它们的鳞片几乎都埋在皮肤底下，身体表面附着黏液，摸起来滑溜溜的。泥鳅是一种夜行性鱼类，夏天在阴凉的地方可找到它；冬季时则很难见到泥鳅的踪迹，因为它们冬眠去了。

吐泡泡

泥鳅生活的水沟常常会冒出很多的气泡。其实泥鳅不是在玩吐泡泡的游戏，而是因为水中的氧气不足，它在拼命用肠呼吸。它吸入氧气，由肛门排出二氧化碳等气体。这时，水面上就冒出了气泡。

● 泥鳅的身体细长，前端稍圆，后端侧扁，体表黏液丰富。

"大滑头"

泥鳅全身的皮肤上布满黏液，使人难以捉住它。这些黏液能减少皮肤与水的摩擦力，帮助它游得更快、更省力。

知识小笔记

动物小档案

类　属：鱼纲、鲤形目、鳅科
身　长：10 ～ 22 厘米
食　物：小鱼、鳞虾
分布地区：中国、日本、朝鲜、俄罗斯及印度等地

泥鳅的直肠子

　　泥鳅和其他鱼类一样，都是用鳃来呼吸的，但是当水中缺氧时，它就会冲出水面用口直接吸入空气，并暂时将肠子作为呼吸器官。泥鳅的肠子直接连通着食道和肛门，是一条直管子，上面布满了毛细血管，既能消化食物，又能代替鳃进行呼吸。

▶泥鳅的身体呈灰黑色，并有许多黑色小斑点，体色常因生活环境不同而有所差异。

夏季也"冬眠"

　　有一种生活在多瑙河沿岸水域里的泥鳅，到了夏季河水干枯时，它就钻进泥浆里不吃不喝，进入夏眠状态，仅靠它那特殊的肠子来呼吸空气，维持生命。当河水充盈时，它们会恢复正常的生活。

● 泥鳅喜欢栖息于静水的底层，常出没于湖泊、池塘、沟渠和水田底部富有植物碎屑的淤泥表层。

Loach

Fish

鱼类

水中的小刺猬——刺河鲀

水中的小刺猬——刺河鲀

No.069

刺河鲀之所以得到这样的名称,是因为它身上披满了尖锐的硬刺,这些硬刺是由鳞片演变成的。这身带刺的盔甲虽然起到了保护作用,但是也限制了刺河鲀的活动,除了嘴巴、眼睛和几个小小的鳍可以活动外,它们全身都是僵硬的。

体短圆形,头和体的背面宽圆,尾部短小,似圆锥状。

双眼各司其职

刺河鲀的眼睛可以像蜥蜴一样单独转动。它可以用一只眼睛观察周围的环境,同时用另一只眼睛盯着它的猎物。

鳞已变成粗棘,仅吻端与尾柄后部无棘。

眼侧周围较高

"伶牙利齿"

刺河鲀的嘴巴里有细小的牙齿,而且相当坚固,足以咬碎软体动物的壳。

刺河鲀的刺

在休息状态下,刺河鲀的硬刺会平贴着身体。一旦遇到凶猛的敌人,它便吸入大量的海水,使身体膨胀,利刺也会竖起来,这时候的刺河鲀活像一只落入水中的刺猬。

刺河鲀游泳能力差,遇到敌人时,靠吸进空气或水,使腹部膨胀起来,吓退敌人。

可以伸缩的腰围

正常状态下的刺河鲀并不是个"小胖子",但是当它吸满水后,它的"腰围"是正常"腰围"的 1 倍。

刺河鲀在正常情况下,身体不那么胖。

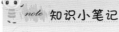

知识小笔记

动物小档案

类　属:鱼纲、鲀形目、刺鲀科

身　长:最大约 90 厘米

食　物:虾、蟹

分布地区:全球热带海域

夏季产卵,冬季孵化

刺河鲀生活于暖海中,每年夏季,它们会到沿岸附近产卵。卵的直径约为 1 毫米,冬季孵化出的小鱼会顺着水流做"长途旅行",回到暖海中。

Blowfish

Fish

最漂亮的鲤鱼——锦鲤

No.070

锦鲤是红色鲤鱼的变种，红鲤传入日本后，经过改良，产生了色彩鲜艳的锦鲤。至今，全世界已有100多个品种的各色锦鲤。锦鲤不仅外观漂亮，而且存活率很高，在公园和庭院中被广泛养殖。

红白锦鲤鱼

红白锦鲤鱼的底色为白色，鱼体上映衬着红色斑纹。其中，红色斑纹在眼部之上的红白锦鲤，以及嘴部没有红色只有白色的红白锦鲤是比较珍贵的品种。

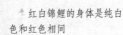

● 色彩鲜艳的锦鲤

▲ 红白锦鲤的身体是纯白色和红色相间

贵族鱼

锦鲤培育成功后，因为它的稀有珍贵，日本贵族将它放在庭院中精心饲养，一度成为皇宫贵族的观赏品，因此锦鲤又被称为"贵族鱼"。

➤龙凤锦鲤鱼

龙凤锦鲤鱼又叫作凤尾锦鲤，是不可多得的观赏鱼中的上品。它有着独特的外型——头形似龙头，长有4条威武的长鱼须，尾鳍就像凤凰的尾巴。在水里游动时如蛟龙腾空，摆动尾巴时极像凤凰飞天。因此，人们把它看作是吉祥富贵的象征。

● 锦鲤生性温和，喜欢群游，对水温适应性很强。

↑ 锦鲤依据其颜色可分为多种品种

➤艳丽的色彩

锦鲤是一种彩色的鲤鱼，因为鱼体表面色彩鲜艳、花色似锦，所以被称作"锦鲤"。

知识小笔记

动物小档案

类 属	鱼纲、鲤形目、鲤科
身 长	50~60厘米
体 重	2~3千克
食 物	河虾、小鱼
分布地区	主要分布在中国、日本

➤历史悠久

我国在明代就把红鲤作为观赏鱼饲养。红鲤传入日本后，日本人在饲养过程中，发现这种鲤鱼会发生色变，根据红鲤容易变异的特点，经过选种、改良，培育出许多新品种，初称"花鲤"，后改称"锦鲤"。

Koi

Fish

鱼中的孔雀——孔雀鱼

孔雀鱼又称为彩虹鱼、百万鱼，是一种非常容易饲养的热带淡水鱼。孔雀鱼有着丰富的色彩、多姿的形状和旺盛的繁殖力，而且性情温和，因此备受热带淡水鱼饲养者的青睐。

↟ 孔雀鱼绚丽多彩的颜色为静静的水面增添了许多生机

遍布世界各地

孔雀鱼的原产地是在委内瑞拉、圭亚那、南美洲的北部海岸地带和加勒比海上的岛屿。因为它适应环境的能力特别强，如今，世界各地都有人在饲养孔雀鱼。

"男女"有别

雌、雄孔雀鱼差别明显，雄鱼的大小只有雌鱼的一半左右，雄鱼体色丰富多彩，尾部形状千姿百态。和雄鱼相比，雌鱼的体态稍微逊色一些。

↟ 体态优雅的孔雀鱼正在水草间嬉戏

家族人丁兴旺

孔雀鱼的繁殖能力很强，每月能繁殖 1 次。根据鱼体大小不同，小的孔雀鱼每次可以产 10 余尾仔鱼，大的孔雀鱼每次可以产 70～80 尾仔鱼，一年就可以产下上千尾仔鱼，因此有"百万鱼"的称号。

别看孔雀鱼的身体小，一次可以产下 70～80 尾仔鱼呢。

临产前的征兆

当雌孔雀鱼腹部膨大鼓出，近肛门处出现一块明显的黑色胎斑时，就是临产的征兆。

多姿多彩的孔雀鱼

孔雀鱼体型修长，体色有淡红色、淡绿色、淡黄色、紫色、孔雀蓝等。孔雀鱼的尾鳍极为美丽，有圆尾、三角尾、火炬尾、燕尾、裙尾等，游动时就像一把小扇子在扇动，是水中最美丽的点缀。

note 知识小笔记

动物小档案

类　属：鱼纲、鳉形目、鳉鱼科
身　长：4～6厘米
食　物：水蚯蚓、人工合成饵料
分布地区：委内瑞拉、圭亚那、西印度群岛等地的江河流域

Guppy

Fish

能离开水的鱼——弹涂鱼

No.072

弹涂鱼又叫作跳鱼，长得像小泥鳅。它们栖息于海水中或河口附近，常出水跳跃在泥涂上觅食，因而得名"弹涂鱼"。由于长期在陆地上生活，弹涂鱼的腹鳍演化成了吸盘，可以让它们牢固地呆在一个地方。

奇特的弹涂鱼

弹涂鱼是一种非常奇特的鱼类，它可以同时适应水中和陆地上的生活。弹涂鱼没有肺，它们用喉部内那些发达的毛细血管呼吸。

● 弹涂鱼栖息于沿海、河口等沙泥丰富且水流较平缓的区域，可以同时适应水中和陆地上的生活。

宽大的鳃

弹涂鱼的鳃很宽大，可以蓄满水，这样它就可以毫无顾忌地在陆地上长时间地生活。

擅长跳跃和滑翔

　　尽管弹涂鱼的身长不过 10 厘米，但它们在陆地上捕食时，猛力一跃，可以跳出 30 厘米远。当弹涂鱼跃起来时，全身的鳍都会像翅膀一样张开。这样，它还可以再滑翔一段距离。所以说，弹涂鱼是鱼类中跳跃和滑翔的高手。

▲ 弹涂鱼正从水中游向岸边寻找食物

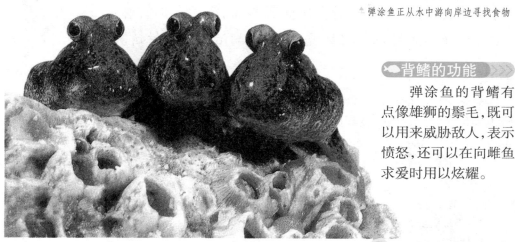

▲ 弹涂鱼的头上有两颗灵活的眼睛，因此它们的视觉特别好。

背鳍的功能

　　弹涂鱼的背鳍有点像雄狮的鬃毛，既可以用来威胁敌人，表示愤怒，还可以在向雌鱼求爱时用以炫耀。

巧妙的保湿

　　弹涂鱼的大眼睛可以灵活转动，能同时观测到来自天空和水中的危险。但它的双眼必须始终保持湿润，最好的办法是常将眼球拉回眼窝里，因为它们的眼窝中藏有水袋，经过"浸润"的眼球会变得更明亮。

note 知识小笔记

动物 小 档案

类　属：鱼纲、鲈形目、弹涂鱼科
身　长：12 ～ 45 厘米
食　物：虾、沙蚕
分布地区：亚洲及非洲

Mudskipper

Fish

天然的艺术品——金鱼

No.073

鱼
类

天然的艺术品——金鱼

金鱼的故乡是浙江的杭州和嘉兴，我国早在宋朝时就开始人工饲养金鱼了。金鱼的色彩绚丽，身姿优美，可以说是一种天然的艺术品，深受人们所喜爱。养殖金鱼可以美化环境，还可以陶冶人们的性情。

金鱼的起源

科学家已经证实，金鱼起源于我国普通食用的野生鲫鱼。它先是由银灰色的野生鲫鱼变为红黄色的金鲫鱼，然后再经过不同时期的家养，变成了不同品种的金鱼。

金鱼起源于中国，它形态优美，能美化环境，很受人们的喜爱，几乎随处可见它们的身影。

金鱼的食物

动物性饲料是金鱼最喜爱吃的食物，比如鱼虫、草履虫、水蚯蚓等。食用动物性饲料的金鱼发育快、颜色鲜艳、发病率也较低。

note 知识小笔记

动物小档案

类　属：鱼纲、鲤形目、鲤科
身　长：5～20厘米
食　物：鱼虫、草履虫
分布地区：主要分布在中国、日本

色彩各异的金鱼

金鱼有红、橙、紫、蓝、墨、银白、五花等
丰富的色彩。其中，金鲫全身为橙红色；墨龙睛
通身乌黑，有"黑牡丹"之称；紫龙睛全身泛着
紫铜色的光芒；五花珍珠的体表颜色由红、白、
黄、蓝、黑等不规则的斑纹所组成。

金鱼的品种很多，杂食性，以植物及鱼食为食。

品种繁多

经过几个世纪的选
种和改良，如今已经产生
了 125 个以上的金鱼品
种。最常见的品种有三叶
拂尾的纱翅、戴绒帽的狮
子头以及眼睛突出且向
上的望天。

雌雄金鱼各不同

雄性金鱼一般体型略长，雌性金鱼身体
较短且圆；它们在体色上略有差异，雄鱼一
般颜色鲜艳，而雌鱼颜色略
淡一些，在繁殖发育期，雄
鱼体色更为鲜艳。此外，雌
鱼最显著的特征就是在怀卵
期腹部膨大。

Goldfish

Fish

鱼
类

最
凶
残
的
鱼
—
食
人
鱼

最凶残的鱼——食人鱼

No.074

食人鱼是亚马孙河流域最有代表性的鱼类,以其凶悍、残忍而闻名。食人鱼有着锐利的牙齿和强壮的下腭,喜欢群体攻击大型的动物,几分钟就能将动物的肉吞噬殆尽,只留一具白骨。

如此凶残

美国的探险家曾做过这样的实验:把一头山羊用绳子绑住推入水中。不到几秒钟,湖水便猛烈地翻腾起来。5分钟后,探险家把绳子拉出来,只剩下了一具山羊的骨骼,骨骼上的肉已被啃得干干净净了。

鳄鱼的对手

食人鱼上下腭的咬合力大得惊人,可以咬穿牛皮甚至木板。平时在水中称王称霸的鳄鱼,一旦遇到了食人鱼,会立即翻转身体面朝天,把坚硬的背部朝下,让食人鱼无法咬到它的腹部,借此逃脱。

● 食人鱼主要栖息在较大的河流水流湍急处

围剿战术

食人鱼猎食时，先咬住猎物的致命部位，使其失去逃生的能力，然后成群结队地轮番发起攻击，一个接一个地冲上前去猛咬一口，迅速将目标化整为零，其速度之快令人瞠目结舌。

↑ 食人鱼张开大嘴，露出尖利的牙齿，非常可怕。

并非天下无敌

虽然食人鱼如此凶残，但是其他鱼类也有自己的"尖端武器"。例如，一条电鳗所放出的高压电就能把 30 多条食人鱼送上"电椅"处以死刑；刺鲶则善于利用它的锐利棘刺，一旦食人鱼要对它下口，刺鲶马上脊刺怒张，使食人鱼无可奈何。

note 知识小笔记

动物小档案

类　属：鱼纲、鲤形目、食人鱼科
身　长：10～30 厘米
食　物：鱼、水鸟
分布地区：安第斯山脉以东、南美洲的中南部

凶残的背后

食人鱼只有成群结队时才凶狠无比。如果对养在鱼缸里的一条食人鱼做出吓唬它的手势，它会吓得躲在角落里。

↑ 食人鱼常成群结队出没，每群会有一个领袖，其他的会跟随领袖行动，共同寻找猎物。

Piranha

Fish

爬行动物

　　世界上已知的爬行动物有6 500多种。所有爬行动物的皮肤都有厚厚的骨质鳞甲，有利于防止体内水分的蒸发。爬行动物没有调节体温的能力，气温较高时它们会躲在阴凉的地方，气温较低时会进入冬眠状态。

会跳舞的蛇——眼镜蛇

No.075

眼镜蛇是一种让人"听而生畏"的毒蛇。一提起它，人们就会想到那高昂的脑袋、尖利的毒牙，还有"咝咝"作响的火焰般的芯子。眼镜蛇的毒液可以喷射到4米之远，这种毒可以使对手麻痹致死。

祖传的窝

小眼镜蛇出生几周后，就离开自己的母亲独立生活了。当它要冬眠时，会根据气味找到母亲生活过的窝，用这个窝冬眠。有时一个窝的使用时间会超过100年。

● 快速爬行的眼镜王蛇

● 身体竖起时，颈部两侧膨胀。

长了"后眼"

印度眼镜蛇的脖颈背面有眼睛形状的斑纹，可以吓唬来自后方的敌人。这种眼镜蛇生性凶猛，被激怒时，会昂起身体，并膨大颈部，此时背部的眼镜圈纹更加明显，令敌人闻风丧胆。

饿了才吃

眼镜蛇只有在饥饿时才会捕食，捕食的时间取决于它们上一次吃饭的多少。一般 2 周左右捕食一次，年轻的眼镜蛇捕食频率要高一些，一般 1 周一次。

● *眼镜王蛇头部为椭圆形，当其兴奋或发怒时，头会昂起且颈部扩张呈扁平状。*

眼镜王蛇

眼镜王蛇虽然身体十分纤细，却是世界上最危险的毒蛇。当遇到危险时，眼镜王蛇的颈部两侧会膨胀起来，并发出呼呼的响声。它是唯一筑巢而居的毒蛇，常主动攻击目标，有时甚至袭击人类。

note 知识小笔记

动物小档案

类　　属：爬行纲、蛇目、眼镜蛇科
身　　长：120 ~ 400 厘米
体　　重：2 ~ 8 千克
食　　物：蛙、壁虎、鸟类
分布地区：亚洲南部、非洲、大洋洲北部等热带地区

King cobra

Reptilia

诡计多端

眼镜蛇在捕猎时诡计多端。它们常躲在草丛里，只露出尾巴轻轻摇晃，让老鼠或小鸟以为是蚯蚓而靠近过来。这时，眼镜蛇便扑过来吞掉它们。

伪装高手——变色龙

No.076

变色龙长相非常有趣，扁平的身体上覆盖着一层装饰鳞片，尾巴能像发条般卷曲或缠绕于树上。最引人注目的就是它的变色特性，它能模仿周围的环境不断变换自己的体色，以此巧妙地伪装自己。

迅速自立

变色龙大多数为卵胎生，幼仔出生后不久就能行走，一天后就能独自活动、捕食，很少让妈妈操心。

● 变色龙的身体两侧扁平，眼凸出，两眼可独立转动，而且左右眼可以各自单独活动。

能"分工协作"的双眼

变色龙的双眼都被鳞片覆盖着，只留下一个小孔。但它的眼球能随意转动，可以一只朝前一只朝后，这对它的捕猎大有益处。

⌒以不变应万变

变色龙的动作非常缓慢，在大多数情况下，它会静止在树上一动不动。但只要是发现了可口的猎物，它就会迅速地将舌头弹出去，昆虫往往还来不及作任何反应，就已被它的长舌粘到嘴里去了。

● 蜥蜴可以巧妙地隐藏在树枝上，使天敌误以为是一片树叶，从而逃过追击。

⌒伪装不行就恐吓

当天敌靠近、伪装不再起作用的时候，变色龙还有一"招"，就是让身体膨胀变黑，显示出一种咄咄逼人的气势。事实上，这也只是"唬人"的伎俩，因为它们并不属于攻击型动物。

note 知识小笔记

🐾 动物小档案 🐾

类　　属：爬行纲、蜥蜴目、避役科
身　　长：30～40 厘米
食　　物：螳螂、蜈蚣
分布地区：印度半岛、阿拉伯半岛及非洲的热带丛林中

⌒为什么会变色

变色龙身体颜色的变化受神经系统的支配，神经系统中的色素细胞在体内浓缩或稀释，从而增加或减弱色彩。它的体色可随光线、温度、湿度及心情的变化而改变，尤其是温度和湿度对它的变色起着至关重要的作用。

Chameleon

Reptilia

和恐龙最像的动物——蜥蜴

No.077

蜥族是爬虫类中最大的群体，约占全世界所有爬虫的一半以上，它们大多是肉食动物，只有极少的一部分为草食动物。蜥蜴是现存动物中与恐龙最相像的，它们奇特的外形非常吸引人。

持续的较量

雄性绿色鬣蜥打斗时，会用头撞击对方，直到一方投降为止。这种打斗有时会持续 5 小时以上，如果还是分不出胜负，它们就会采用抓咬的方式，直到胜利的一方踩在对方的背上。

在地上爬行的蜥蜴

● 蜥蜴的尾巴一般都较长

家族成员

蜥蜴有 700 余种，它们的大小差异很大。其中，绿色鬣蜥约有 70 厘米长，德州角蜥只有 10 厘米左右长，加拉帕戈斯鬣蜥是极少数的食草蜥蜴。

知识小笔记

动物小档案

类　属：爬行纲、蜥蜴目、鬣蜥科
身　长：3 ~ 70 厘米
食　物：昆虫、蜘蛛
分布地区：非洲、阿拉伯、中国南部、马来西亚、印度东部、澳大利亚等地

体操王子

绿色鬣蜥受到惊吓时，会从数米高的地方向下跳。它的落地姿势完美又安全，绝不会受伤。如果动物世界里有体操比赛，那它一定会被誉为"体操王子"，不过这个"王子"的相貌丑了点儿。

● 蜥蜴的爪子可以牢牢地抓在树枝上

美洲绿鬣蜥

美洲绿鬣蜥可能是世界上最广为人知的蜥蜴。幼体的鬣蜥体色是亮绿色的，上面夹杂蓝色的花纹，等成熟后，体色会变暗淡。

跑得也不慢

有种鬣蜥可以将身体直立 45 度，而只用后脚走路，遇到危险时，还能用这种姿势以每小时 15 千米的速度奔跑。由于体重轻，动作敏捷，它们甚至能在水面上短距离行走，远离河岸后才开始游泳。

Lizard

Reptilia

"飞檐走壁"的能手——壁虎

No.078

夏天的夜晚，壁虎常常静静地伏在墙上，只要有蚊子一落在附近，它就迅速地扑过去将其捕获。壁虎足垫和趾的结构非常特殊，能轻而易举地抓住物体上任何细小的突起，所以可以在光滑的墙面上行动自如。

脚的魔力

壁虎的每只"脚"底部长着大约 50 万根极细的刚毛，而每根刚毛末端又有 400 ~ 1 000 根更细的分支。据计算，一只大壁虎的 4 只"脚"产生的总作用力压强相当于 10 个大气压。

● 适合攀爬的足

● 足趾长而平，趾上肉垫覆有小盘，盘上依序长有微小的毛状突起，末端呈叉状。

独特的瞳孔

壁虎的瞳孔是纵长的。在明亮的地方，会眯成一条细线；在黑暗的地方则张开成一条宽缝。这样的生理特性很适合壁虎昼伏夜出的生活习惯。

眼部的保健

壁虎的眼部结构比较特殊，它的上、下眼皮不能张合闭启，所以需要用舌头来舔舐眼球以保持清洁。幸亏它的舌头长得长，能够达到眼睛。

捕虫能手

壁虎在夏、秋两季最为活跃，它们经常在夜间捕食蚊子、苍蝇、飞蛾等昆虫。壁虎一夜之间最多可以捕食上百只害虫，所以人们给了它一个"捕虫能手"的美称。

note 知识小笔记

动物小档案

类　属：爬行纲、蜥蜴目、壁虎科
身　长：约 15 厘米
食　物：苍蝇、蝗虫、蜘蛛
分布地区：广泛分布于世界各地

● 壁虎的断尾，是一种"自卫"。

可以再生的尾巴

壁虎的尾巴很容易断开，在遇到危险时，它会忍痛自断尾巴，以保全性命。但是不用担心，很快它又会生出一条新的尾巴来。

Gecko

Reptilia

古老的爬行动物——鳄鱼

爬行动物

古老的爬行动物——鳄鱼

鳄鱼给人的印象是狰狞可怕的，它们外形丑陋，性情粗暴。尽管鳄鱼身躯粗笨，行动却极为敏捷。鳄鱼的眼睛长在头的上部，所以它的视野极其开阔，可以清楚地看清水面及陆地上的东西。

石头的功用

鳄鱼经常会吞下石头，存入胃里，这些石头可以增大它身体的浮力，所以鳄鱼经常低浮在水面上。如果没有这些石头，它们可能会翻个底朝天。

鳄鱼牙齿尖利，咀嚼能力很强，常吃鱼、蛙、虾等小动物，也吃蟹、龟、鳖等甲壳坚硬的动物。

自相残杀

鳄鱼生性凶残，就连同类也不放过，它们经常互相吞食。鳄鱼群一般由个体大小相同的成员组成，小鳄鱼群会避开大鳄鱼们，以免被它们吃掉。

鳄鱼的眼泪

鳄鱼的眼泪其实是它排泄出来的盐溶液。鳄鱼眼睛附近长着排泄盐溶液的腺体，可以排除体内多余的盐类。所以当它们吞吃牺牲品时，竟被误认为在淌痛苦的眼泪呢。

猎食绝技

鳄鱼捕食时，总是慢慢地爬近猎物或是趴下来等着伏击它们。发现猎物后，鳄鱼会猛地咬住，然后再将猎物拖入水中淹死。

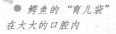

鳄鱼的"育儿袋"
在大大的口腔内

用心良苦

小鳄鱼刚出生时，行动很不灵活，鳄鱼妈妈会张开大嘴把小宝宝一只只地吞进嘴里。不用担心，它不是要吃掉自己的宝宝，而是将小鳄鱼放进口腔中的"育儿袋"保护起来。

知识小笔记

动物小档案

类　属：爬行纲、鳄目、鳄科
身　长：约 6 米
体　重：约 1 吨
食　物：蛙、鱼类、龟
分布地区：全球的热带、亚热带地区

Crocodile

Reptilia

长寿的动物——乌龟

№.080

乌龟又被称为"金龟""草龟"等,是最常见的爬行动物。乌龟一般生活在河流、沼泽和山涧中,有时也上岸活动,它们以螺类、虾和小鱼为食,也吃植物的茎叶。乌龟是一种变温动物,通常在 10 ~ 15℃时进入冬眠。

最长寿的乌龟

一只名叫哈里特的大乌龟生于 1830 年,体重为 150 千克,是目前世界上寿命最长的动物。

note 知识小笔记

动物小档案

类　属:爬行纲、龟鳖目、龟科
身　长:10 ~ 100 厘米
食　物:虾、小鱼、蜗牛
分布地区:中国、日本和朝鲜

颜色越深、纹路越清晰的龟壳,代表乌龟的年龄越大。

不怕饥饿

乌龟有很强的耐饥饿的能力，即使断食数月也不易被饿死，抗病能力也很强，所以它们是很长寿的动物。

● 有厚厚的甲壳披在身上，乌龟行动很缓慢。

● 每块甲壳上都有圈，圈数多少代表年龄大小，圈数越多乌龟的年龄就越大。

可爱的"慢性子"

乌龟在地上爬行时慢吞吞的，非常可爱。一遇到危险，就迅速将头和四肢缩进壳内，坚硬的甲壳就是它们的盾牌。

乌龟的冬眠

乌龟是一种变温动物，到了冬天，或者是当气温长期处在较低情况下，乌龟就会进入冬眠状态。冬眠时，乌龟会长期缩在壳中，几乎不活动。同时，它的呼吸次数减少，体温降低，血液循环和新陈代谢的速度也会减慢，这样它就可以消耗较少的营养物质，为身体储备能量。

Turtle

Reptilia

庞然大物——阿尔达布拉龟

No.081

阿尔达布拉龟是最大的陆地龟,也被称为"巨人陆龟"。阿尔达布拉龟长着暗灰色的厚甲壳,四肢表面覆盖着坚韧的鳞片,脖颈非常长。它有很强的耐饥饿的本领,即使没有食物或淡水,也能生活好几个星期。

成熟看个头

阿尔达布拉龟的寿命可以超过100年。它的成熟与否并不取决于年龄,而是取决于个头的大小,个头越大,就说明个体发育得越完全。

● 阿尔达布拉龟可以用鼻子喝水

用鼻子喝水

你相信不用嘴,而用鼻子喝水的事情吗?阿尔达布拉龟就能做到。因为它的鼻腔与食道相通,中间有块特殊的安全瓣膜,喝水时会自动关闭,以防将水吸入肺里。

↖阿尔达布拉龟

自得其乐的生活

早晨天气比较凉快，是阿尔达布拉龟的早餐时间。因为它们不能调节自身的体温，热辣的阳光会对它们造成伤害，所以中午时分，它们都躲在阴凉处乘凉，然后再美美地睡上一觉。多惬意的生活啊！

▲ 庞大的身体、粗壮的四肢、坚硬的铠甲使阿尔达布拉龟成为"龟中之王"。

● 在沙地上行走的阿尔达布拉龟

善妒的家伙

阿尔达布拉龟在海中交配，在陆地上产卵。它们生性小气，好嫉妒，看到其他龟交配时，它们就会在四周徘徊，趁机捣乱。

note 知识小笔记

🐾 动物小档案 🐾

类　属	爬行纲、龟鳖目、陆龟科
体　重	约200千克
食　物	植物、蚯蚓
分布地区	印度洋西北部

Aldabra Giant Tortoise

Reptilia

"幸运的"阿尔达布拉龟

阿尔达布拉龟因为生活在阿尔达布拉岛而得名，是最早被人类保护的动物之一。 1874年，达尔文曾向当地政府建议保护阿尔达布拉龟，并得到响应。

两栖动物

两栖动物是最原始的陆生脊椎动物，它们既能适应陆地生活，又能适应水中生活，比如我们常见的青蛙等。两栖动物无法调节自己的体温，在寒冷和酷热的季节需要冬眠或者夏蛰。

难看的癞蛤蟆——蟾蜍

No.082

蟾蜍的外表疙疙瘩瘩、极其丑陋，所以俗名叫"癞蛤蟆"。蟾蜍和青蛙一样，都是由小蝌蚪变化而成的，但是它的叫声不像青蛙那样清脆，也不善于跳跃和游泳。

艰难地摄食

蟾蜍捕食时，假如舌头伸得太长，会无法缩回嘴里，这时它们会用前脚帮忙将舌头推回嘴里。蟾蜍在吞咽食物时，会不停地眨眼，因为它要靠挤眼的力量把食物咽下去。

● 在吞咽食物时，蟾蜍的眼睛不停地眨动。

小蝌蚪找妈妈

蟾蜍妈妈喜欢把卵产在水草上，10～12天之后，卵就会变成一群大脑袋、长尾巴的蝌蚪。小蝌蚪在水中游来游去，四处找妈妈。2个月后，蝌蚪就会变成小蟾蜍。

蟾酥 ›››

蟾蜍可以分泌一种白色的液体叫"蟾酥"。它的毒性很强，中毒者会短时间瘫痪，严重的甚至会死亡。虽然蟾蜍的毒素很厉害，但人们在不断的实践中已掌握科学的使用方法，它现在已是常见药的原材料。

▲ 蟾蜍皮肤粗糙，背面长满了大大小小的疙瘩。

● 蟾蜍行动缓慢笨拙，不善于跳跃、游泳，只能作匍匐爬行。

冬眠 ›››

蟾蜍是冷血动物，寒冷的冬天到来时，它们需要在地下打洞冬眠。冬眠时间的长短是根据地面的温度来决定的。

欺软怕硬的家伙 ›››

蟾蜍可以游刃有余地对付一些小型昆虫。若是碰到赤练蛇，蟾蜍就将自己膨胀得很大，想以此吓退敌人。但赤练蛇根本不会理会这种小把戏，大牙一合就把它咬扁了。

note 知识小笔记

动物小档案

类　属：两栖纲、无尾目、蟾蜍科
身　长：4 ~ 12 厘米
食　物：各种害虫
分布地区：中国西南部和南部，以及南亚、东南亚

Toad

Amphibian

蛙中的恐怖分子——牛蛙

No.083

牛蛙是一种大型的蛙类，它的叫声很洪亮，从远处听就像是牛在叫，因此得名"牛蛙"。它背部为绿色或棕绿色，咽喉部有斑点，眼睛是金色或褐色的，雄牛蛙的鼓膜通常要比雌牛蛙的大。

暴力分子

牛蛙是青蛙家族中的暴力分子。虽然称之为"蛙"，但它们不吃草，只吃肉，经常捕食比它小的青蛙，还敢挑战比它大的动物，如水蛇等。

● 正在吞吃食物的牛蛙

贪睡的家伙

生活在炎热地区的非洲牛蛙，可能会数月或数年躲在地底下睡大觉。等到一场春雨降临后，牛蛙才从睡梦中苏醒。

高亢热情地鸣叫

雄牛蛙高亢地鸣叫主要是为了吸引雌牛蛙的注意。有些牛蛙似乎患有"口吃病","唱"起来总是"结结巴巴"的，但是研究发现，即便是"口吃"的牛蛙，鸣叫起来也有固定的规律。

● 牛蛙因为叫声像牛而得名

note 知识小笔记

动物小档案

类　属：两栖纲、无尾目、蛙科
身　长：20 ~ 25 厘米
体　重：0.5 千克
食　物：鱼、小鸟
分布地区：北美洲、非洲、印度、中国都有分布

领地之争

雄牛蛙对闯入它领地的入侵者非常反感，它会在自己的领地大声鸣叫，表示这是它的"地盘"，还会用踢、推的办法将入侵者赶走。如果入侵者还是不走，一场恶战就在所难免。

牛蛙的长相与一般蛙相似，但个体较大。

积蓄能量

牛蛙的卵变成蝌蚪后，要生长 2 年，等积蓄了很多能量后，才能长成一只牛蛙。

Bullfrog

Amphibian

濒临灭绝的动物——豹斑蛙

No.084

豹 斑蛙因皮肤上布满豹子纹一样的斑点而得名。豹斑蛙是青蛙中最美丽的一员,它的体色多为草绿色,身体曲线流畅,活动起来非常矫健。与其他蛙类相比,豹斑蛙的体型稍大,体长在 5 ~ 13 厘米之间。

丰富的食物

豹斑蛙幼时吃植物、藻类和死亡的小型无脊椎动物,长大后吃它们能捕食到的所有动物:昆虫、老鼠和一些小型脊椎动物。

来自北美州

豹斑蛙主要分布在加拿大西北部的艾伯塔省到美国内华达州的南部地区。美国境内的豹斑蛙身体呈绿色,加拿大境内的身体呈褐色。

● 豹斑蛙的身体布满斑纹,颜色非常显眼。

娶妻生子

大多数豹斑蛙要长到 3 ~ 4 岁才具有生育能力。雄蛙用独特的鸣声吸引雌蛙的注意，在征得雌蛙的同意后，它们就"结婚生子"。雌蛙一次大约产 3 000 个卵，约 10 天后，这些卵就变成了蝌蚪，然后再慢慢长成豹斑蛙。

雌豹斑蛙产下卵后，约过 10 天，这些卵就变成了蝌蚪，体态与一般的蝌蚪很相似。

濒临灭绝

豹斑蛙已成为一种将要灭绝的动物。严重的环境污染、杀虫药、气温的变化以及它们自身在繁殖期的争斗，都是豹斑蛙数量减少的原因。

note 知识小笔记

动物小档案

类　属：两栖纲、无尾目、蛙科
身　长：5 ~ 13 厘米
食　物：蝌蚪、鱼、老鼠
分布地区：北美洲

Leopard frog

Amphibian

183

两栖动物

有毒的动物——蝾螈

有毒的动物——蝾螈

No.085

蝾螈无论是在陆地上还是在水中都可以安家立业。蝾螈身上的花纹色彩非常鲜艳，是它的保护色，有些蝾螈还会分泌毒液，可以麻醉或杀死敌人，这两样武器是蝾螈在自然界中生存的法宝。

独特的呼吸

蝾螈小时候用腮呼吸，它们长大后腮会脱落，于是改用肺和皮肤呼吸。大约有270个种类的蝾螈完全没有肺，只能通过皮肤和口腔黏膜进行呼吸。

悠游自在

蝾螈在水里显得十分快活，它喜欢在恒温的水中游来游去，偶尔也会离开溪流爬上陆地，但它们不会离水太远。

躯体细长，尾呈侧扁状。

起死回生

墨西哥蝾螈是唯一一种能够再生四肢的动物。有时它们会因为互相撕咬而断了尾巴或者是腿，但是只需要 2 ~ 7 周的时间，就会长出和以前一模一样的尾巴或四肢。

● 蝾螈的皮肤潮湿，大都有明亮的色彩和显眼的斑纹。

翩翩起舞

有一种巨冠螈在求偶时，会摇动着银色的尾巴，翩翩起舞，展示其背部的彩冠，来吸引异性的目光。

▶在繁殖季节，雄蝾螈经常围绕雌蝾螈游动，时而弯曲头部注视雌蝾螈，时而将尾部向前弯曲急速抖动。

知识小笔记

动物小档案

类 属：两栖纲、有尾目、蝾螈科
身 长：6 ~ 17 厘米
食 物：蝌蚪
分布地区：非洲东南部、欧洲、北美洲东南部和西部

异曲同工

在受到威胁时，蝾螈会弓起背部，腹部会明显变红，毒素就是从它们的腹部排泄出来的。经研究表明，这种毒素与从河豚体内提取出来的"河豚毒素"很相似。

Amphibian

Axolotl

雨林的华丽精灵——箭毒蛙

No.086

箭毒蛙是一种体色非常艳丽的蛙类，能从皮肤腺里分泌出剧毒。"依仗"自己的毒性，它在白天也敢出来活动。箭毒蛙的毒性非常大，一只箭毒蛙的毒液足以杀死 2 万只老鼠！

毒为人用

由于箭毒蛙极富毒性，南美的印第安人便将这种蛙类用火烤，以此收集从皮肤腺上流出来的毒液，做成毒箭用于打猎。

● 箭毒蛙表皮颜色鲜亮，多半带有红色、黄色或黑色的斑纹。

● 醒目的颜色是箭毒蛙最明显的标志

也有天敌

蛇是箭毒蛙的天敌，尤其是巨大的蟒蛇和有毒的眼镜蛇，是箭毒蛙必须防备的首要敌人。当然，人类的捕杀也对箭毒蛙的生存构成危胁。

为什么有毒

有人曾尝试养殖箭毒蛙，但是，人们发现人工饲养的箭毒蛙无毒！原因是野生状况下的箭毒蛙以热带的蚂蚁和昆虫为食，正是这些食物使箭毒蛙能够产生毒素。

● 箭毒蛙的体形很小巧

▲ 雌蛙将卵产在积水处后便悄然离去，雄蛙会耐心地照料后代。

"美丽"的警告

大自然中有很多动物是靠隐蔽色逃避天敌的，箭毒蛙的生存对策恰恰相反。它鲜艳的颜色和花纹在森林中显得格外醒目，仿佛是在告诉敌人，它们是不宜吃的。箭毒蛙家族就是凭借警戒色和毒腺的保护而存活至今的。

唱歌助产

雌性箭毒蛙要产卵时，雄性箭毒蛙会对着雌性"哼哼唧唧"地"唱歌"，好让雌蛙有心情产卵。

note 知识小笔记

动物小档案

类　属：两栖纲、无尾目、箭毒蛙科
身　长：1～5厘米
食　物：蜘蛛
分布地区：中美洲、南美洲的热带雨林地区

Poison Arrow Frog

Amphibian

会爬树的青蛙——树蛙

No.087

树蛙是一种非常漂亮的蛙类，大多体型娇小，颜色鲜艳，看上去很讨人喜欢。树蛙的足趾短而粗，趾端长着很多尖细的毛，上面还附着一层类似粘胶的物质，所以它能稳稳地固定在大树的任何部分。

树蛙栖息在潮湿的阔叶林区及其边缘地带

随景赋色

树蛙的体色会随环境的变化而改变，因此也被称为"变色树蛙"。变色可以使它同周围的环境融为一体，敌人很难发现它。

从天而降的飞蛙

树蛙中有一种飞蛙，它的脚趾比其他的蛙长，前脚有发达的蹼，跳跃时就像"伞兵"从空中落下一样。

● 树蛙的四肢细长，趾末端有吸盘，非常适合爬树。

丰富的语言

夏日里常常听到有节奏的蛙鸣，它们叫声重复的次数通常是同类传达消息的信号，可以帮助它们识别敌友。太平洋树蛙会用低沉的叫声威胁其他雄蛙，而当它想吸引雌蛙时，则发出快速的三声连叫。

树蛙在树上鸣叫以吸引同类

绿色树蛙生活在美国东南部和中部地区的沼泽、溪流及其他潮湿地带。

天时地利

红眼树蛙把它们的卵产在水塘上面的树叶上，这样，小蝌蚪孵出后自然就掉进叶子下的水中了。

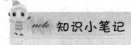

note 知识小笔记

动物小档案

类　属：两栖纲、无尾目、树蛙科
身　长：3 ~ 7 厘米
食　物：蝗虫、蛾
分布地区：亚洲及非洲南部的热带雨林

黑蹼树蛙

黑蹼树蛙身体背面是绿色的，部分个体有深绿色斑纹或白色斑点，体侧有灰黑色细网纹，腹部黄色。它们四肢修长，趾间的蹼发达，具有黑色斑点，就像是一双"黑布鞋"。

Tree Frog

Amphibian

昆　虫

　　昆虫是世界上数量最多的物种，几乎遍布地球上的每一个角落。昆虫的身体分为头、胸、腹3部分，头部有一对触角。和自然界的其他动物相比，昆虫很弱小，但它们也有保护自己的本领，所以才能生生不息。

相扑运动员——蟋蟀

蟋蟀的俗名叫"蛐蛐儿"，是我们身边很熟悉的小动物，常生活在野草地、农田、瓦砾堆、篱笆根或墙缝中。蟋蟀优美动听的歌声并不是出自它的好嗓子，而是它的翅膀，它是靠振动翅膀发出声音的。

特殊的"耳朵" >>>

蟋蟀没有耳朵，但在它的前腿上长着耳状体。这个耳状体其实是像小鼓一样的皮肤膜，这层皮肤膜能感受到震动，可以当特殊的"耳朵"使用。

蟋蟀的某些行为可由特定的外部刺激所诱发。在斗蟋蟀时，如果以细软毛刺激雄蟋蟀的口须，会鼓舞它冲向敌手，努力拼搏。

● 蟋蟀的前足胫节
有敏感的听觉器官

保命要紧 >>>

当蟋蟀的腿部受了伤，让敌人捉住时，它就切断那只腿逃跑，这种行为称为"自绝"。虽然切断的腿不能再长出来，但是在危险面前，还是保命要紧。

成长历程 >>>

雌蟋蟀身体末端有一个长而扁平的排卵器，它通常把卵产在土中或植物上，孵化后的幼虫叫做若虫或跳虫。跳虫很像小型的成虫，但是没有翅膀。它们不断地进食后会蜕皮，经过6次蜕皮，就变成真正的蟋蟀了。

蟋蟀生性孤僻，一般的情况都是独立生活，一旦碰到一起，就会咬斗起来。

预报天气 >>>

当你在夜间清晰地听到蟋蟀高唱时，便预示着明天是个好天气，你大可放心准备上路出远门。

蟋蟀以善鸣好斗著称，在很远的地方，就可以听见它们清脆的叫声。

最大的蟋蟀 >>>

在新西兰有一种蟋蟀叫维塔，是世界上最大的蟋蟀。它的身体比苍蝇大100～150倍，体重达七八十克，是一般蝗虫的50倍。这种昆虫在近2亿年的时间里几乎没有一点进化，它的形体特点一直保持到现在，是新西兰最早的生命体。

知识小笔记

动物小档案

类 属：昆虫纲、直翅目、蟋蟀科
身 长：约20毫米
食 物：树叶、果实
分布地区：除极地外，世界各地都有分布

Cricket

Insect

193

昆
虫

美
丽
的
杀
手
——
瓢
虫

美丽的杀手——瓢虫

瓢 虫是世界上最受人们喜爱的小甲虫之一。它们的身体圆圆的，甲壳的颜色非常漂亮，有些是黑色带有黄色或红色斑纹的，有些是黄色或红色带有黑色斑纹的，也有些是黄色、红色没有斑纹的。

↑ 瓢虫的身体像半个圆球，身上长有漂亮的斑点。

何止"七十二变" >>>

我们常常用"七十二变"来形容孙悟空的变化多端。对于瓢虫来说，"七十二变"算不了什么。瓢虫中变化最多的是眼斑灰瓢虫，有将近 200 种变化，这常常使人误以为瓢虫有很多种。

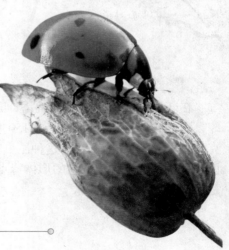

精明的瓢虫 >>>

瓢虫比其他昆虫精明得多，它甚至在变成蛹的时候也留着个心眼。当蚂蚁碰到蛹时，蛹会忽然竖起来，这种举动会把蚂蚁吓得魂不附体，立即跑得无影无踪。

七星瓢虫 >>>

七星瓢虫是我们最常见的瓢虫，它的甲壳就像半个红色的小皮球，上面长着 7 个黑色的斑点。七星瓢虫个头不大，却是捕食蚜虫的好手，一只七星瓢虫一天可吃掉上百只蚜虫。

七星瓢虫、小红瓢虫和异色瓢虫都是捕食蚜虫和介壳虫的能手，庄稼能够健康地生长，它们功不可没。

安全措施 >>>

瓢虫的幼虫脚底下会分泌出一种黏黏的液体，它的尾部有一个吸力强大的吸盘，这样的生理结构可以帮助幼虫在光滑的树干或树叶上活动自如，而不会滑落。

● 当农作物上有蚜虫出来活动时，七星瓢虫就马上为庄稼除害。

知识小笔记

🐾 **动物小档案**

类　属：昆虫纲、鞘翅目、瓢虫科
身　长：8 ～ 10 毫米
食　物：蚜虫
分布地区：除极地外，世界各地都有分布

脱身有术 >>>

瓢虫的脚关节处能分泌出一种很臭的黄色液体，使它能有效地摆脱敌人的追捕。

Ladybird

Insect

昆虫

分工明确的昆虫——蚂蚁

No.090 分工明确的昆虫——蚂蚁

蚂蚁是典型的群居动物,生活在世界的各个角落。蚂蚁的巢穴就像一座结构复杂的"宫殿",里面住着几万甚至几十万只"蚁民"。由于职责不同,蚂蚁可以分为工蚁、雄蚁、蚁后几大类。它们分工明确,过着井然有序的生活。

勤劳的工蚁 >>>

一个蚁穴中除蚁后外,其他的雌蚁都没有生育能力,它们按大小可分成几个级别:大型工蚁、中型工蚁、小型工蚁。其中,主要从事战争和防卫工作的是大型工蚁,称为兵蚁。

● 蚂蚁的视力很差,靠嗅觉来传递信息,因此触角是传递信息的主要工具。

蚂蚁的尾部可以分泌一种叫"蚁酸"的有毒物质,是抵抗其他动物的有力武器。

饲养"家虫" >>>

蚂蚁喜欢吃一种蚜虫的粪便,有趣的是,它们还会"饲养"蚜虫,以供它们享用。这是目前已知的除人类以外,唯一一种懂得"饲养"异类的动物。

蚂蚁王国的统治者——蚁后 >>>

蚁后是已经发育完全、具备生育能力的雌蚁。通常说来，一个蚁穴里只有一只蚁后，它住在巢穴的底层，由众多工蚁侍奉。蚁后每日产卵达几万粒之多，这些卵会被工蚁送入专门的"育婴室"照料。

● 蚁穴是一座结构复杂的"宫殿"，里面往往住着几万甚至几十万只"蚁民"，它们过着社会性的生活。

▽ 蚂蚁主要是通过肢体语言来传递信息

● 两只蚂蚁正在"亲吻"

苦命的雄蚁 >>>

蚁穴里一般只有少数几只雄蚁，它们不用参加劳动，只负责和蚁后繁殖后代。一旦某只雄蚁被蚁后拒绝，其他蚁民就不再管它，甚至让它饿死。

肢体语言的秘密 >>>

蚂蚁间依靠丰富的肢体语言传递信息。如果它们高高挺起腹部站立，表示发现了好多食物；用腹部敲击地面表示发现"敌人"；互相"亲吻"其实是在与伙伴分享美味；将尾部弯曲在双脚间，这可是个危险动作，这样做通常是在准备"战斗"了。

note 知识小笔记

🐾 动物小档案 🐾

类　属：昆虫纲、膜翅目、蚁科
身　长：0.5 ~ 30 毫米
食　物：食物残渣
分布地区：除极地外，世界各地都有分布

Insect

Ant

最勤劳的动物——蜜蜂

蜜 蜂家族里有蜂王、雄蜂和工蜂三类成员，每个成员都有自己明确的分工。蜂王管理着整个家族，它的任务是繁衍后代；雄蜂除了和蜂王繁殖后代外，没有其他工作；最辛苦的就是工蜂了，它们负责筑巢、采蜜、养育幼蜂、防御敌害等工作。

"同归于尽" >>>

蜜蜂的螯针上有尖锐的倒刺，它把螯针刺入敌人的身体后，就再也拔不出来了，而它自己很快也会死去。

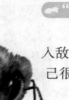

● 蜜蜂以植物的花粉和花蜜为食

小蜜蜂采蜜忙 >>>

蜜蜂的后脚中间凹陷，有利于花粉的贮存，所以后脚就成了它们采蜜时的"花粉篮"。它们采到花粉后，就将花粉收集在"花粉篮"里，然后用花蜜将花粉固定成球状再带回巢穴。

伟大的建筑师 >>>

蜜蜂的巢是正六边形的，既节省空间，又紧密牢固。它们在中央蜂孔里哺育幼虫，在外围的孔里存放花粉和花蜜，堪称是独具匠心，就连人类高超的建筑师也为之叫绝。

● 蜜蜂的巢不仅牢固，实用功能也很强。

唯一的蜂王 >>>

在每个蜂巢中，通常只有1个蜂王，它是具有生育能力的雌性蜜蜂。一般情况下，工蜂只能活几个月，而蜂王通常能活5～6年，甚至十几年。

↑ 蜜蜂不仅可以用声音来传递信息，也可以靠肢体来传递信息。

蜜蜂密语 >>>

工蜂有很多有趣的行为，它在采蜜时，可以用跳"8"字舞的方式，告诉同伴们花儿在哪儿。近年来，有人还发现蜜蜂可以用声音进行"交谈"。在蜂巢里可以听到"特尔——特尔"的声音，声音的高度及持续的时间似乎与花儿的距离、数量等有关。

note 知识小笔记

动物小档案

类 属：昆虫纲、膜翅目、蜜蜂科
身 长：2～4厘米
食 物：花粉、花蜜
分布地区：除极地外，世界各地都有分布

Insect

Honeybee

昆虫

一生辛苦的动物——蚕

一生辛苦的动物——蚕

No.092

你听过这样的诗句吗:春蚕到死丝方尽。蚕的幼虫可以吐丝,蚕丝是优良的纺织纤维,是绸缎的原料。蚕原产于中国,我国至少在 3 000 年前就开始人工养蚕了,小小的蚕为人类作出了巨大贡献。

桑蚕 >>>

桑蚕又称家蚕,是以桑叶为食料的吐丝结茧的经济型蚕类,主要分布在温带、亚热带和热带地区。如今,人工饲养的蚕类大都是桑蚕。

➡ 人工养蚕在我国有悠久的历史

note 知识小笔记

🐾 动物小档案 🐾

类　属:昆虫纲、鳞翅目、蚕蛾科
身　长:6 ~ 7 厘米
食　物:桑叶
分布地区:全球的温带、亚热带和热带地区

蚕的生长 >>>

蚕的一生要经历蚕卵、蚁蚕、蚕宝宝、蚕茧、蚕蛾等阶段，共 40 多天的时间。刚从卵中孵化出来的蚕宝宝黑黑的像蚂蚁，我们称为"蚁蚕"。蚕宝宝以桑叶为食，不断吃桑叶后身体变成白色，经过 4 次蜕皮就开始吐丝结茧，在茧中进行最后一次脱皮，就变成蛹。再过大约 10 天，蛹羽化成为蚕蛾。

▲为了破茧而出的那一刻，蚕要经过 40 多天的辛苦蜕变。

蚕蛾 >>>

蚕蛾的形状像蝴蝶，全身披着白色鳞毛，但由于两对翅膀较小，不能飞行。雌蛾比雄蛾个体要大一些，雄蛾与雌蛾交尾后，3 ~ 4 小时后就会死去，雌蛾一个晚上约产 500 个卵，产卵后也会慢慢死去。

→蚕蛾的头部呈小球状，长有鼓起的复眼和触角；胸部长有 1 对胸足及 2 对翅；腹部无腹足，末端体节演化为外生殖器。

实在是太辛苦了 >>>

蚕吐丝结茧时，头不停摆动，将丝织成一个个排列整齐的"8"字形丝圈。家蚕每结一个茧，需要变换 250 ~ 500 次位置，编织出 6 万多个"8"字形的丝圈，每个丝圈平均 0.92 厘米长，一个茧的丝长可达 700 ~ 1 500 米。

Silkworm

Insect

潜伏高手——螳螂

螳螂是体型较大的一种昆虫。它的体长约为 6 厘米，头部呈三角形，上面长着 1 对大的复眼及 3 个小的单眼，头顶长有 2 根细长的触角。螳螂的前足粗大并且呈镰刀状，因此也被称为"刀螂"。

讲卫生爱干净 >>>

昆虫类都需要保持触角的洁净，以维持它的灵敏度。螳螂也不例外，它常常会把触角拉进嘴里，为它打扫卫生。

● 螳螂的体色与其所处的环境相似，所以它可以巧妙地伪装起来。

善于伪装 >>>

螳螂的体色与它所栖息的叶子的颜色十分相似，因此常常有猎物误认为是叶子而成为它的美食。如果与鸟类相遇，螳螂就会直立起身子，把前脚合并在一起，这样看起来就像是蛇的眼睛，鸟类就会吓得逃之夭夭。

● 螳螂常常把触角塞进嘴里，为它打扫卫生。

讨好雌螳螂 >>>

螳螂的性情古怪，雌螳螂在交尾时甚至会吃掉雄螳螂。所以雄螳螂有时会事先找到一只昆虫献给雌螳螂，在它吃东西时趁其不备跳到雌螳螂背上强行交尾。

● 螳螂凶猛好斗，两只螳螂一碰面，经常会发生战争。

武林高手 >>>

用"静如处子，动如脱兔"来形容螳螂最恰当不过。螳螂的身段修长优雅，手执"大刀"，威风凛凛，颇有一代宗师的气度，难怪有螳螂拳和螳螂腿的武功招式呢。

▲ 螳螂前胸细长，前足粗大，呈镰刀状，并在腿节和胫节上生有钩状刺，用以捕捉害虫，后足的基部具有听器。

繁殖后代 >>>

每年秋季，雌螳螂会从腹部前端分泌一种黏稠的液体，并转动腹部使液体变为泡沫状，然后将卵产在液体上。产完卵后，泡沫状的液体会凝固，变成一个既保暖又防水的卵囊。卵在其中孵化成若虫，然后再羽化为成虫。

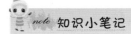

note 知识小笔记

动物小档案

类　属：昆虫纲、螳螂目、螳螂科
身　长：35 ~ 85 毫米
食　物：蝉、蝗虫
分布地区：世界各地温暖、湿润的地区

Mantis

Insect

长金子的害虫——金龟子

金龟子是人们熟知的甲虫,种类有很多。每种金龟子都有一身坚硬的外衣——鞘翅。鞘翅的色彩千变万化,耀眼夺目,在阳光下它们总是闪着明亮的光泽。金龟子是一种害虫,专吃植物的嫩茎、叶,给庄稼造成很大的损害。

身上有黄金 >>>

1934 年,一位捷克科学家采集大量的金龟子,并把它们烧成灰。结果从 1 千克的金龟子中,居然得出了 25 毫克的金子。

↑ 金龟子体壳坚硬,表面光滑,多有金属光泽;前翅坚硬,后翅膜质。

钟爱粪便 >>>

在南美洲生活着一种金龟子,它们有一大怪癖——将哺乳动物的粪便奉为至宝。如果地上有一堆粪便,首先到达的一定是雄金龟子,它们利用粪便来吸引伴侣。谁的粪球越大,谁的机会就越多。

● 粪金龟能分解动物的粪便,因此对生态环境作出了很大贡献。

●除害妙法 >>>

　　铜绿丽金龟、棕色鳃金龟、黑绒鳃金龟都是害虫，主要啃食各种植物的叶片。因为它们是夜行性动物，大多数都有趋光性，可以用黑光灯来诱杀。而且金龟子一般都有假死性，也可以振落捕杀。

▲ 金龟子严重危害植物的叶、花、芽及果实等地上部分。

● 金龟子的触角呈鳃叶状，锤节的部分常有许多分叉。

●好长的角 >>>

　　兜虫属于金龟子家族的成员，它是全世界体型最大的甲虫之一。兜虫头上的角长达 8 厘米，几乎相当于它的体长。

●从不迷失方向 >>>

　　大头金龟子是按照天空偏振光"导航"的。有时，它为了吃植物的嫩茎绿叶，会沿着曲折的路径蜿蜒前进，但是回家时却总是走捷径。有人做过一个试验：把金龟子放在一块板上，无论板如何倾斜，只要能看到天空和太阳，它们就能顺利地回家，从来也不会迷失方向。

note 知识小笔记

🐾 动物小档案

类　属：昆虫纲、鞘翅目、金龟子科
身　长：16 ～ 21 毫米
食　物：树叶、果实
分布地区：全球热带地区

Beetle

Insect

放屁虫——椿象

No.095

椿象的俗名叫"臭大姐""放屁虫"。它体态扁平，长着非常漂亮的甲壳。如果你用手碰触到这种昆虫，手就会沾满臭气，很长时间都不会散去。臭气正是椿象的武器，在遇到敌害时，它就是利用奇臭无比的气味把敌人吓跑的。

臭气专家 >>>

椿象有一种特殊的本领，在安全受到威胁时，会发出"噼啪"一声响，从尾部喷出一股"青烟"，散发出难闻的气味，令敌人闻风丧胆。椿象的"化学武器"来自它发达的臭腺，小椿象的臭腺开口在后背，长大后臭腺的开口又会转移到侧面。

● 椿象的唾液腺被一枚角质的活塞关闭着

● 椿象的臭味是由臭腺分泌出来的

● 椿象的体态扁平，有许多种颜色，非常漂亮。

●生命的奉献 >>>

负子椿是少数几种生活在水里的椿象之一，为了延续后代，它们甚至可以付出生命的代价。在产卵期，雌负子椿将卵产于雄负子椿的背上，大约产 100 粒卵之后就会"精疲力竭"地死去。雄负子椿就背着这些卵到处游动，幼虫孵出来不久，雄负子椿的生命也就结束了。

▲ 正在觅食的椿象

● 为了安全地将幼虫从卵中孵化出来，雄椿象会像母鸡一样将卵抱在腹下，直到小椿象出生。

●有好有坏的椿象 >>>

椿象的种类繁多，其中多数是农业的害虫。但是，农田里常见的食虫椿象是人类的好朋友，它们能够捕食田里许多对农作物有害的小虫子。

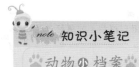

note 知识小笔记

🐾 动物小档案

类　属：昆虫纲、半翅目、椿象科
身　长：11 ~ 14 毫米
食　物：植物的茎、叶
分布地区：除极地外，世界各地都有分布

●爱子情深 >>>

别看椿象长相不佳，却个个是慈爱的父母，是少数有护幼行为的昆虫之一。为了安全地将幼虫从卵中孵化出来，雄椿象会像母鸡孵蛋一样，将卵抱在腹下，直至小椿象出生。

Pentatomidae

Insect

与人类争食的害虫——蝗虫

No.096

蝗虫的体色多为绿色或褐色，它们有着坚硬的口器，后足强劲，适于跳跃。蝗虫对庄稼的危害非常严重，人们把它与洪水、旱灾看成是对人类造成最大损失的灾难。一个大的蝗虫群每天可以吃 160 000 吨食物，多惊人的数字啊！

会变色的蝗虫 >>>

有一种蝗虫可以根据不同的环境改变身体的颜色。而有些蝗虫因栖息地不同，会产生黑色、褐色、绿色的体色，这些体色可以帮助它们巧妙地隐藏在周围的环境中。

● 蝗虫后足坚硬，适于跳跃。

● 蝗虫的体色与栖息的植物浑然一体，是躲避敌害的绝好伪装。

● 蝗虫口器坚硬

沙漠蝗 >>>

沙漠蝗所到之处，各种绿色植被无一幸免。通常，一只沙漠蝗每天要吃掉相当于自身重量 2 倍的食物。

◀ 蝗虫喜欢吃肥厚的叶子

↑ 蝗虫常成群结队地做远距离飞行，像洪水一样铺天盖地而来。一落地，绿油油的庄稼转眼就会被吃个精光。

惊人的场面 >>>

在东非，有人亲眼见到一群蝗虫排成高 30 米、宽 1 500 米的阵势前行，那场面可以用遮天避日来形容。经过 9 个小时蝗虫才散开，场面既震撼又恐怖。

note 知识小笔记

动物小档案

类　属：昆虫纲、直翅目、蝗科
身　长：20 ～ 40 毫米
食　物：叶子、果实
分布地区：除极地外，世界各地都有分布

蝗灾过后 >>>

春去秋来，农民们辛辛苦苦地把一片荒地变成丰收的庄稼，此时，如果一群蝗虫铺天盖地飞来，转眼之间，庄稼就会被席卷一空，农民们一年的辛苦就白费了，蝗虫真是害人不浅。

蝗虫的生长 >>>

雌蝗虫有短的产卵管，它们用产卵器挖土产卵。雌蝗虫的每一个卵囊都能孵化出上百个幼虫。2 周左右的时间过后，米粒大小的幼虫便孵化而出，幼虫再经过 4 ～ 5 次的蜕皮就能变为成虫。

↑ 蝗虫的发育过程比较复杂。它的一生是从受精卵开始的，刚由卵孵出的幼虫没有翅，能够跳跃，叫做跳蝻。

Grasshopper

Insect

美丽的歌者——蝉

昆
虫

美
丽
的
歌
者
——
蝉

每到夏天，我们都可以听到蝉为我们展示它那嘹亮的歌喉。蝉的俗名叫"知了"，其实是一种害虫，它针状的口器可以刺入树皮吸取汁液，严重破坏树木的健康。

恼人的"歌手" >>>

蝉是声名狼藉的"歌手"。在夏日炎热的午后，它们为找寻配偶而大声鸣叫，音调之高，常常令人难以忍受。一些叫声很大的蝉，声音甚至可以超过 120 分贝。

● 蝉其实是一种害虫，经常啃食树干的汁液，给树木健康造成很大危害。

向往光明 >>>

蝉不同于其他的鸣虫，它有趋光性，喜欢向光明的地方飞去。当夜幕降临时，只需在树干下烧堆火，同时敲击树干，蝉便会立即扑向火光。这时候，就可以很容易地捉到它了。

蝉的一对翅膀宽大透明

漫长又短暂的生命 >>>

蝉的一生中大部分时间都在漆黑的地下度过，幼虫在土中要生活 6 ~ 7 年。与幼虫相比，成虫的生命非常短暂，仅持续几个星期。雌虫在树干及树枝上产卵后，就掉在地上摔死了。卵在第二年孵化成无翅的若虫，若干年后，若虫慢慢蜕去外壳，变成一只长有羽翅的成虫。

蝉的听觉 >>>

雄蝉和雌蝉都有听觉，一对大的镜面似的薄膜就是它的耳膜，耳膜由一条短筋连接着听觉器官。当一只雄蝉大声鸣叫时，它会将耳膜折叠起来，以免被自己的声音震聋。

note 知识小笔记

动物小档案

类　属：昆虫纲、同翅目、蝉科
身　长：2 ~ 5 厘米
食　物：树的汁液
分布地区：全球的热带、亚热带及温带地区

昆虫寿星 >>>

昆虫相对于地球上的其他生物而言，寿命算是比较短的。不过，蝉的幼虫最多能活 17 年，也算是昆虫里的长寿者了。除了它，再没有哪种昆虫可以活这么长时间。

正在放声鸣叫的蝉

Cicada

Insect

飞行冠军——蜻蜓

No.098

蜻蜓是我们非常熟悉的昆虫，夏季的傍晚，它们常常在水塘附近飞舞。蜻蜓的飞行速度十分惊人，它每秒能飞 5 ~ 10 米，高速冲刺时能达每秒几十米，可以连续飞行 1 小时不休息。

奇异的眼睛 >>>

蜻蜓的复眼系统由 3 万多只小眼组成，每个小眼都是六边形的，它们像一个个凸透镜，起着聚光的作用。

● 蜻蜓拥有巨大而突出的双眼，占头部的大部分，有些蜻蜓的视界接近 360 度。

● 两对漂亮的大翅膀

飞行高手 >>>

蜻蜓的身体像一架灵活的小飞机，它有两对平展透明的翅膀，就像飞机的机翼，这种体型特别适合飞行。蜻蜓不仅飞得快、飞得高，而且能飞出许多高难度的动作，比如翻圈飞、倒着飞，还可以停在空中。

吃虫专家 >>>

蜻蜓不仅是昆虫中的飞行冠军，还是吃虫"专家"。它每天大约要捕食 1 000 只像蚊子、苍蝇、蝴蝶这样的小虫。当蜻蜓发现小虫时，便猛冲过去，6 只脚对准目标，同时合拢。小虫就被牢牢地装进"笼子"，成为蜻蜓的美餐。

↑ 蜻蜓将卵产在水中或水边的植物枝叶上

● 蜻蜓的肢体纤细灵巧

蜻蜓点水 >>>

蜻蜓经常在池塘上方盘旋，或沿小溪往返飞行，在飞行中将卵撒落在水中。蜻蜓有时贴近水面飞行，把尾部插入水中，产下一些卵，又立即飞起来。这样连续产卵的动作，就是平时我们所说的"蜻蜓点水"。

↑ 蜻蜓一般在池塘或水边飞行，飞行时可以捕捉蚊、蝇等许多害虫。

单"引擎"飞行 >>>

蜜蜂或蝴蝶在拍打翅膀时，两对翅膀会同时扇动。但蜻蜓却可以独立地控制它的翅膀，当它的前翅向下拍时，它的后翅还可以向上扇。

知识小笔记

动物小档案

类　属：昆虫纲、蜻蜓目、蜻蜓科
身　长：4 ～ 9 厘米
食　物：蚊子、苍蝇
分布地区：全球的温带、热带地区

Insect

Dragonfly

飞舞的花朵——蝴蝶

No.099

蝴蝶绚丽的色彩、优雅的身姿以及对各类气候超强的适应能力，无不令人叹服！从寒冷的北极到热带雨林，从沿海、沼泽地带到高山之巅，随处可见它们的踪迹，它们是大自然最美丽的点缀。

▶ 特殊的嘴 >>>

蝴蝶长有一根中空的胃管，非常适合吸取花蜜及果实的汁液，所以经常能见到蝴蝶飞舞在花丛中，或是停在腐烂的水果上。

● 翅膀的鳞片上富含油脂，有防水的功效。

● 蝴蝶有着小鼓棒一样的触角

▶ 防水措施 >>>

所有的蝶类在下雨天都不用"打伞"，因为它们的翅膀鳞片上富含油脂，不会被雨水打湿，所以在雨中也能见到它们翩翩起舞。不过，它们通常会收起美丽的翅膀，等雨过天晴后再飞到花丛中。

↑ 蝴蝶是属于完全变态类的昆虫，它的发育过程很奇妙。

🐛 大自然的戏法 》》》

蝴蝶的卵要经过幼虫转化为蛹，再从蛹羽化为成虫，这样的过程被称为完全变态。由丑陋的幼虫变为鲜艳、美丽的蝴蝶，它们的外貌发生了如此巨大的变化，这真是大自然绝妙的戏法啊！

● 蝴蝶的翅膀上长有漂亮的斑纹

🐛 蝴蝶中的色盲 》》》

纹白蝶无法分辨粉红色和黄色，会把这两种颜色当成是紫色。因为分不清颜色，它常常会成为停在粉红色花朵上的黄蜘蛛的点心。

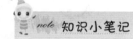

note 知识小笔记

🐾 动物小档案 🐾

类　属：昆虫纲、鳞翅目、蝶科
身　长：2～20厘米
食　物：花粉、腐烂的果实
分布地区：除极地外，世界各地都有分布

🐛 飞舞在冬天里的蝴蝶 》》》

到了冬天，有一些蝴蝶会找一处避风的地方，把足都蜷缩起来，紧紧地收拢翅膀，让自身的活动和消耗减到最小。在太阳高照的时候，它们就会出来享受日光浴，汲取更多的能量。所以在冬天里也能见到这些会飞的美丽"花朵"。

Butterfly

Insect

蝴蝶的姐妹——蛾

蛾 与蝴蝶都有着艳丽的外表,形态也十分相似。大多数蛾都长有 2 对翅膀,上面披着数千枚瓦状重叠的小鳞片。它们身体上醒目的图案,就是由这些鳞片组成的。蛾有趋光性,喜欢向光明的地方飞去,并会因此而丧命。

长尾大蚕蛾 >>>

长尾大蚕蛾翅膀展开达 90 ~ 110 毫米,身体为白色,翅膀呈淡黄色。后翅尾部呈飘带状,长达 85 毫米,很像那种带有长飘带的蝴蝶风筝。

▲长尾大蚕蛾翅膀展开时就像一个漂亮的风筝

→樗蚕蛾因寄生在乌柏树上,也叫乌柏大蚕蛾。它的体形很大,身体呈青褐色。

迁徙的蛾 >>>

波冈蛾在澳大利亚维多利亚南部度过干热的夏季,当天气变凉后,它们会飞往温暖的地带繁殖后代。迁徙途中,如果天气很热,它们就在白天休息避开太阳,在凉爽的黄昏和夜间继续它们的旅程。

漂亮的孔雀蛾

　　孔雀蛾全身披着红棕色的绒毛，翅膀上面点缀着漂亮的"眼睛"，有黑得发亮的"瞳孔"和由许多色彩镶成的"眼帘"。它是由一种长得极为漂亮的毛虫变来的，靠吃杏叶为生。

● 蛾的腹部又粗又短，蝴蝶的腹部比较细长。

● 蛾的身体多毛，而蝴蝶身体上的毛很少。

● 蛾的触角通常是丝状、羽毛状。

如何区分蛾与蝶

　　蝴蝶有小鼓棒一样的触角，而蛾的触角通常是丝状、羽毛状。蛾的身体上多毛，而蝴蝶身体上的毛很少，蝴蝶一般在白天活动，而蛾一般在夜间活动。通过以上对比，我们就可以很容易地区分出它们。

无私的冬尺蠖蛾

　　雌冬尺蠖蛾没有翅膀，靠分泌体液引来雄蛾交配。寒冷来临时，冬尺蠖蛾会脱除腹部的毛，盖在卵上，帮助卵宝宝平安地度过这段严寒。

note 知识小笔记

动物小档案

类　属：昆虫纲、鳞翅目、蛾科
身　长：4～30厘米
食　物：树叶、腐烂的果实
分布地区：除极地外，世界各地都有分布

Moth

Insect

图书在版编目（CIP）数据

令孩子着迷的 100 种神奇动物/畲田编著. —西安：
陕西科学技术出版社，2009.1（2022.1 重印）
（全景百科·学生版）
ISBN 978-7-5369-4372-8

Ⅰ. 令… Ⅱ. 畲… Ⅲ. 动物—少儿读物 Ⅳ. Q95-49

中国版本图书馆 CIP 数据核字（2008）第 190220 号

全景百科·学生版

LING HAIZI ZHAOMI DE YIBAIZHONG SHENQI DONGWU

令孩子着迷的 100 种神奇动物

出版人　崔　斌
责任编辑　李　栋
封面设计　李亚兵

出版者　陕西新华出版传媒集团　陕西科学技术出版社
　　　　西安市曲江新区登高路 1388 号陕西新华出版传媒产业大厦 B 座
　　　　电话（029）81205187　传真（029）81205155　邮编 710061
　　　　http://www.snstp.com
发行者　陕西新华出版传媒集团　陕西科学技术出版社
　　　　电话（029）81205191　81205192
印　刷　三河市燕春印务有限公司
规　格　720 mm×1000 mm　1/20
印　张　11
字　数　183 千字
版　次　2009 年 1 月第 1 版
印　次　2022 年 1 月第 3 次印刷
书　号　ISBN 978-7-5369-4372-8
定　价　49.80 元